Vision

一些人物，
一些視野，
一些觀點，
與一個全新的遠景！

心動力

You want it, **you'll get it!**

只要你想你要，你就得到

潛能開發專家 **盧蘇偉** 著

【自序】

你付出什麼，就得到什麼

我和大部分上班族一樣，是領薪水過日子的人；但我領的除了一份固定薪水，還有其他的額外收入，比如書籍版稅、演講鐘點費、專利授權費、會議出席費、諮詢顧問費……，除了這些，我甚至領了一份精采和豐富的生命，更重要的，我的人生處處充滿著驚奇和喜悅。工作不只為了薪水，它可以是自我成長和提升的歷程，它也是學習快樂付出、分享喜樂和幸福的過程；一切都只在於你願不願意調整你的態度和想法，同樣一份工作，你將會有完全不同的體驗。

「你付出什麼，你就得到什麼。」在工作中你為薪水而付出，你得到的就只會是一份薪水；如果你在工作中付出的是由衷的熱情和活力，你就會得到超乎薪水的額外報酬；如果你在工作中付出的是主動、積極和改善，很自然的你就會站在不同位置去學習人生經驗，你的薪水也自然會不斷的攀升；如果你還願意把創意和祝福獻給工作，你得到的就不只這些有形的價值，你會得到生命中的無限喜悅和幸福，並像天使一樣，散播希望的種子給有緣相遇的人。

「態度」不能改變你的能力和已存在的事實，但它一定可以讓你的人際互動變好，讓工作的辛苦、沮喪、挫敗感一掃而光，並使你充滿著無限活力，開啟生命中的各種可能和希望。

我工作十餘年，一直都在第一線做直接服務，對於生命體驗總是最直接也最深刻。永遠別小看自己，「決定」創造了我們生命的各種可能，你可以用昨天的沉重和無奈，過今天的日子，當然你也可以許一個願望，讓自己的未來充滿了希望和驚奇；所有的美好，都來自於你現在的決定，用「心」工作，而不是用時間和勞力工作。一個基層第一線的工作者，未必一定要往上升遷，而是要學習如何讓自己「樂在工作」，享受生命的所有。這只是想法和態度的改變，我可以改變，我周遭的朋友也可以改變；我們要清楚的了解：我們可以決定自己，做自己生命的主人，而一切都在於我們是否「願意」和「喜歡」我們所做的一切，是否珍惜、感恩這份難得的學習成長機會。

人生是個旅程，我們要善待自己，去到什麼樣的景點，參觀什麼樣的地方，都無關緊要，只要你有好心情，就會有一趟美好的旅程。我們的心情由我們自己決定，凡事都以「我願意以一顆學習的心，珍惜和感恩給我服務機會的人」做起。喜歡付出和勞動，分享喜悅給周遭的人，你就是個幸福又快樂的天使。快樂由微笑開始，幸福從心出發，踏入「心」的職場，你將會創造嶄新的工作效能和機會。

衷心的祝福我所有的朋友，和我共享工作與生活的所有喜樂！

盧蘇偉　謹識

二〇〇八・四・八

目錄

Chapter 4 心動力新生活

Chapter 5 心動力新思維

Chapter 1

心動力新價值

新世紀，心動力，我們要調適的不只是工作上的競爭壓力，更要面對內在紛擾的情緒世界，我們必先「讀懂」自己，才能和自己和好，也才能和世界和好。

我要和大家分享的是：我們可能無法改變工作角色和工作內容，但我們可以調整想法，讓工作成為自我提升、自我創新和享受樂趣的過程，讓工作不只是為了薪水。只要將受苦和難過的想法調整一下，改變可以在瞬間完成，讓你做一個嶄新而不是被一份薪水壓榨和為生活忍受煎熬的人。你可以決定你自己，做一份有意義，又有價值的工作！

我願意，我喜歡

每個人都有能力選擇自己生命的所有，我們可以活在怨恨之中，相同的，我們也可以選擇歡喜過生活，一切的改變都在我們的心。

巧玲是經我多年好朋友介紹而認識的，她因先生外遇而離婚，獨力工作並且要照顧兩個孩子，筋疲力竭的她常覺得自己像蠟燭兩頭燒，累到有種想「一走了之」的念頭，加上孩子正值青春期，不僅不體諒媽媽的辛苦，還因要不到零用錢和媽媽有所衝突。巧玲非常的難過，一邊敘述一邊流著眼淚，她覺得自己一生真是「歹命」，從小是家裡付出最多卻得到最少的人，還嫁給不負責任的先生，生了兩個沒心肝的孩子，賣命工作了十幾年，升遷和加薪總是沒她的份，而且同事會故意在她背後扯後腿，淨講一些傷害她的話。

「我為什麼會這麼不幸呢？」

我刻意給她足夠的時間把內心的不愉快宣洩出來，哭著哭著，她就以更負面的字眼咒罵周遭所有的人。她可能是過於激動，講話時甚至咬牙切齒，全身抖動。

「妳可以繼續這樣的不舒服、不快樂，也讓妳周遭的所有人都和妳一樣，過著水深火熱痛苦不堪的生活，當然，妳也可能有新的選擇！」

巧玲很不以為然，而且有些防衛過度的反問我，她做錯了什麼？辛苦的工作，做牛做馬為的是什麼？還不是為了孩子，如果沒有這兩個小孩，她根本不用那麼辛苦。

「如果沒有這兩個孩子，妳也不曾結婚，做同一份工作妳會更好更快樂嗎？妳會讓妳的同事快樂，也讓妳的上司、顧客因妳而快樂嗎？」

「我可以，不過我們公司都是一堆爛貨，要他們快樂是不可能的，我的顧客也都是一群『奧客』，唉……」

其實你有能力改變自己

如果巧玲有能力讓周遭的人得到快樂，那麼她是否願意呢？她明確的給了我答案：她不願為他們做任何的事，因為他們不值得！那她兩個小孩呢？我緊接著問。兩個不懂事的小孩子，沒有權利要她為他們做些什麼，她開始敘述他們叛逆生活的種種經歷……我阻止她在垃圾堆裡翻攪，因為翻出來的都是惡臭的垃圾，如果她自願一輩子都住在一個只有恨而沒有愛和陽光的黑洞裡，誰也幫不了她。我有太多的經驗可以轉變一個人的個性和對命運的看法，只要巧玲想，我一定幫得了她！

「妳願意為了自己的快樂做些改變和努力嗎？」

「改變是不可能的事，我改變，別人不肯改變，我改變又有什麼用！」

「如果妳願意，只要妳肯改變一下妳的習慣，一切都會跟著改變。」

我助人的過程從未失敗過，但改變的主導權在妳本身的意願。」

巧玲已經辛苦了四十多年，她可以繼續這樣再過二十年、三十年及四、五十年，只要她心甘情願，誰也改變不了她。她的身體因長期的身心煎熬，不僅每天失眠，而且全身痠痛、精神不濟，晚上要睡又睡不著，白天醒著卻無時無刻都想要睡覺。因為精神欠佳，情緒經常失控，若非她學有專長，早就被公司給開除了。她覺得自己好累，總覺得這個世界的所有人都在壓榨她。

真正讓巧玲辛苦的是她自己，每分每秒都和「心」抗戰，任誰都會累垮的；一個無法與自己和好的人，和誰都沒辦法相處。她可以繼續折磨自己，但我希望她能放過自己，若一再的拒絕改變，最後只會把自己封印在無窮盡的黑暗世界。

「我錯了嗎？我要怎麼做？我好苦、好累……」

感恩生命

我要巧玲感恩生命中的所有遭遇。她是個基督徒，我要她相信上帝的帶領，並重新回到上帝的身邊，一切都是祂最悉心的安排。若無黑暗，我們沒有機會認識光明；沒有寒冬，春天不會來臨；任何事情的發生都是有原因的，而且都是上帝給予的禮物。相信她所信仰的神，感恩她的父母、先生和孩子，感恩她的工作、同事和顧客，唯有她願意感恩，和自己和好，不再拿別人的行為一再的折磨和懲罰自己，她才有機會走出生命的陰霾，看見那個始終存在的光明和祝福！

最後我陪著巧玲一起禱告，她告訴我她已好久沒上教堂，沒有禱告，我告訴她，上帝一直在等待她、聆聽她的聲音。禱告時我帶領她感恩父母給她許多學習的機會，感恩她的先生，在生命的旅程中陪她走過一段美好的歲月，也原諒他被情欲蒙蔽了，他不是故意要傷害她，他的內心想必有許多的掙扎和痛苦，請上帝用愛寬恕他，讓他自由，並且祝福他幸福和快樂。感恩兩個孩子，一直默默心疼著這個媽媽，只是他們不知如何表達他們的愛，因為他們從未被爸媽用心愛過，所以，他們選擇以粗暴和叛逆的言行來表達心中錯綜複雜的情緒。感恩所有的同事，感恩她的工作，感恩每一個人和每一件事……

巧玲再度嚎啕大哭，她的淚水不再酸澀痛苦，而是純淨柔和，一切都在於自己的選擇！

心動力新價值

每個人都有能力選擇自己生命的所有，我們可以活在怨恨之中，相同的，我們也可以選擇歡喜過生活，一切的改變都在我們的心。我喜歡我的家人和同事，我喜歡我的家庭和工作，因為有了他們，我才有機會分享和成長，我不想只為一份薪水工作過生活，我喜歡為自己而擁有生命中的一切！

投資自己

每個人看到的價值都不一樣，如果只問自己的付出，不計較眼前的收穫，長久之後就會看出有絕大的不同。

「不是為了錢，誰會喜歡工作！」

我輔導的個案俊瑋，他一直換不同的工作，因為他覺得所有的雇主都是吸血鬼，只想壓榨他的時間和體力。他自認聰明，卻從不認真工作，一有機會就摸魚打混，明明知道這是自己分內事，卻老愛故意裝迷糊，一定要等別人指示或提醒才動手做事，如果別人不注意，做到一半的工作，他也會自動停擺，工作時間一到，他馬上雙手一攤的立刻走人，僱用他的人往往受不了他的行徑，只好將他解僱。他也很有經驗，每次都搬出一堆法律規定趁機撈一些好處，在工作職場上，他能要到的，一點都不會少，能占的便宜和機會絕不錯失。他的銘言是：「工作是為了錢，不是做信用的！」

這次他又再度失業，我想給他一點協助，可是他十分傲慢，覺得自己沒什麼不對。

一小時的體悟

「一個小時要多少錢才可以買到你的用心和頭腦呢？」

「至少也要五百元！」

我答應付五百元買他一個小時，前提是他必須專心的學習和回應，他欣然同意，我的第一個問題是：

「別人付你九十元買一個小時，你很認真用心的工作，會有什麼損失？」

「會很累耶！」

「不認真工作，摸魚打混就不會累嗎？」

當然比較不會。俊瑋告訴我，摸魚有種賺到的感覺，工作八小時，事實上只工作四小時，他因而賺到四小時。我反問他，賺到的四小時他用到哪裡去了？他一時答不上，不過他保留了體力，下班可以去唱KTV或上網玩遊戲，他覺得這樣就「賺到了」！

「你只想一輩子賺一個小時九十元的工資嗎？難道不想多賺一點？從前任職過的地方，主管或店長一個小時絕不只九十元，一定多上許多。我問你，為什麼有人就只能賺時薪九十元的最低薪資，有人的時薪卻可以是別人的十倍或上百倍，甚至可以自訂薪資，這又是為什麼？」

每個人看到的價值都不一樣，俊瑋吝於付出，心裡卻希望成為有前途、能被重視和領高薪的人；如果他想要得到這一切，只有一個小小的祕訣，那就是趁現在好好投資自己，把自己的未來目標預設成店長、高階主管或老闆，開始用心準備和學習。目前時薪雖然不高，但這些工作機會都是難能可貴的經驗，只有多做才能發現每個行業的訣竅所在。

俊瑋一臉錯愕！

「這樣說也對啦，不過我不會這樣做。」

他告訴我，哪有人只領九十元，還要求自己要做一百八十元的事，只有傻子才會這樣做。事實上，任何成功的人都是先付出才有收穫，而且都要求自己的付出要高出獲得；這是一個奇妙的循環，只期待收穫，不肯付出更多，收穫就會愈來愈少，如果只問自己的付出，不計較眼前的收穫，剛開始收穫看不出來比較多，然而長久之後就會看出有絕大的不同。

俊瑋偷偷的看著自己手錶，他似乎不知道一個小時五百元，該表現出什麼樣的態度。時間還有三十分鐘，我要求他拿出筆和紙，寫下這一生自己最想要的東西，什麼都可以，想到什麼都可以寫。

他剛開始想都沒想，就寫了「錢、錢、錢、花不完的錢」。我要他寫下明確的數字，他剛開始寫一千萬，後來改成一億，而且要出名、被尊重、去全世界旅行、坐擁豪宅、有傭人、為他效忠的員工、保護他的安全人員，還需要高級轎車、私人飛機和遊艇……他洋洋灑灑寫了一大堆，我要他重新排列，什麼是最想要的或是一定要的。

「你不要健康？也不要快樂？更不要有人愛你？」

生命是經驗的投資

俊瑋告訴我，有錢就會有健康，有錢可以買到快樂，有錢自然會有人愛他（我不駁斥他，因為這是他要的，不是我要的）；我要他在每項願望的後面，寫下要付出什麼才能得到這些。我接著說，十年要賺到一億元，一定要長期的投資和付出，那麼，他要如何規劃才能夠達成目標呢？一個小時賺九十元，一天做二十個小時，全年無休，一年只能賺得六十五萬七千元（他有點不相信我用計算機按出來的數字），十年只有六百五十七萬，大約是一億的十五分之一，所以，他的時薪要一千八百元，一天工作十小時，連續工作十年才有可能。當然他可以用投資的手段，讓財富增加快一點，不過一天要工作將近二十小時，而且不能有假日，他願意嗎？如果他從現在開始做「經驗投資」，不以財富自我衡量，往後的人生可能會有所不同。

一個小時快到了，俊瑋沒有再看錶，他認真的看著他的人生清單。什麼可以不要呢？什麼又可以要少一點呢？他修正過後的清單是這樣的——

金錢：四十年計畫，兩千萬。

房子：住得舒服就好，千萬豪宅。

汽車：可以代步，五十萬房車。

他要付出工作時間：每天八小時，週休兩日，月薪至少要十萬以上才有可能達成，所以，他要趁年輕，能多學就多學一點。

他很認真，我付他五百元，他很快的收進口袋，想了一下又還給了我，他說我買他一個小時五百元，他付我一個小時學費五百元，這樣兩個人都賺了五百元。

心動力新價值

這是十年前的事，俊瑋現在可是自營店的年輕店長。俊瑋和其他年輕人不同，他喜歡「計算」，他告訴我，在職場上，眼前的吃虧要在未來加倍賺回，而且投資自己就是用力的學習和付出喔！

勇於面對自己

放輕鬆，勇於面對自己，沒有哪種經歷會重要到我們必須為它終生煩惱，每一個人都無例外；勇於面對所有，問題自有解決之道！

莉雯是我某個個案的家長，每次她陪孩子來報到時，總習慣性的抱怨：現在的孩子都不知自己「好命」，不知惜福！她小時候家境不好，沒機會讀書，所以現在才要這麼辛苦！（這樣的重複抱怨只能聽一次，聽多了，任誰都會覺得厭煩。）她和先生、孩子的關係不好，和工作的主管同事也處得不好，有一天她問我，為什麼她會這麼不幸，總遇到這些討厭的人？我坦然的告訴她，我在法院從事輔導工作，我對每一個人的態度都不會一樣，當一個快樂的人來到我身邊，我會跟著他一起快樂，一個滿懷怨恨的人來到我身邊，我雖然要努力快樂，也不太容易，像她，就是讓我不容易快樂的人。如果我們希望周遭的人，他們的表現都如我們所期待，最重要的一件事，就是我們要做「喜歡自己」的人。我要她拿起鏡子看看自己，她東照西照，一會兒嫌眼睛太小、斑點太多，一會兒說皮膚太黑、臉型太尖，我要她看看鏡子裡的人，她快樂嗎？如果現實生活遇到這樣的人，她會喜歡和她在一起嗎？

她開始抱怨她的媽媽，因重男輕女，從小都不讓她學才藝，回家要做一堆家事，沒有時間好好讀書，在田裡工作把臉都曬黑了，手也做粗了，人家來說親，父母隨隨便便就把她嫁了。她又開始抱怨她的婆婆、先生和孩子……

如果人生可以重來

「如果可以重來，妳希望自己的人生過得如何？」

「好好讀書，做一個不會被欺負的人！」

「從前誰不讓妳讀書呢？」

「媽媽，還有爸爸。」

幾十年前，莉雯的父母告訴她，不愛讀書，就去工廠做工，她因賭氣果真就去工廠做事，事隔多年，她依然覺得最該為她不幸人生負責的是她的父母，他們不該放棄她；但是，她個性好強，只要她不願做的事，誰也勉強不了她。沒有人勉強她要讀書，也沒有人勉強她要去工廠工作，如果她堅持要讀書，相信也不會有人反對到底。那麼，為何她不堅持讀書呢？莉雯講了許多原因和理由，然而其中的關鍵只在於，她覺得讀書很辛苦，所以她想到工廠賺錢，有了錢，她在家中的地位就會完全不同；是她自己決定了自己的路，而她卻要她的父母負全責，就像她的孩子一樣，把一切的不順和不如意全怪罪她，都是做媽媽的錯！

「沒有人有錯。」

「有，我爸媽就是偏心，把家產分給了我的兄弟，一點都沒留給我！父母生病期間，大部分都是我在照顧，公公婆婆生病也都靠我一人，好處沒有我，責任全在我！」莉雯愈說愈生氣。

「天底下就沒有絕對的公平喔！」

台灣有句諺語：「一枝草一點露。」被折枝的草早上都會多一點露水的滋潤，由於上天的厚愛，讓她有強健的身體和健全的家庭，雖不順心，但也沒有什麼天大的不幸發生在她身上。她可以選擇繼續抱怨和憎恨，也可以學習感恩——感恩父母養育她到成年（這不是每個人都享受得到的福報），感恩父母在她成長歷程中，給予她許多省思和學習機會，同樣的，也要以這樣的心態，感恩她的先生，感恩她的孩子，感恩所有的一切。莉雯必須先學會賞識自己，才有能力去領受生命中的祝福。

「也對啦，但是……我這種個性，就是改不了。」

改變想法，並聆聽自己的聲音

莉雯不想改變，她的所有痛苦都只是藉口，她享受主導別人情緒、控制別人注意力的快感，她的內心是如此的自私和貪心，只考慮自己，卻從未去體諒她的父母、另一半和孩子，更遑論她的親友和同事了。

「妳是個自私無情的人！」莉雯被我連珠炮般的言語攻擊，多次想反駁都被我制止了，一直到她又是淚水又是嘶吼，要我不要再說了，我才停了下來，走出談話室去倒杯溫水，留她一個人從內心的深谷，找到自己的出路，她必須了解每天散播著、夾雜著情緒垃圾的言語和表現背後，她真正要的是什麼？之前我無意深入協助她去探索自我，因我直覺上她並不想改變她的人際應對模式，但她一直強化著她的悲劇角色，已嚴重影響到婚姻和親子互動關係，也讓她的工作受到很大的挑戰。她表面上在求助，內心深處卻老是在污染別人的情緒。我試著讓她了解，她可以決定自己要走的人生方向，但她必須先學會為自己負責，當然，我也要避免成為她心中的「另一個加害者」。

我倒好了水，進入了談話室，她仍舊擺出想要還擊和辯解的姿態，我要她把整杯水大口大口的喝，再把水含在口中，一會再慢慢的滑入胃裡，我試著緩和她的情緒，因為接下來我要傳達一個重要的訊息。

「放輕鬆，不管過去發生多少不如自己期待和教自己難過的事，它們都是我們生命的一部分，要把它們當成是有意義的，而且有正面價值的。」

喝水讓莉雯心情緩和，也讓她能安靜聽我的解釋。她的淚水緩緩落下，自有生命至今，從未有人如此聆聽她的心，並親近真實的自己。從她微微顫抖的眼神中，我感受到她的惶恐，她只是重複玩著情緒遊戲，像用蠶絲把自己緊緊包覆，讓自己難過到快要窒息，她周遭的每一個人都曾試著去解救她，最後都成了和她黏在一起的繭。我要她看清楚整個人生的形成過程，我只想幫她脫繭而出，做一個自在且不受過去生命經驗束縛的人；那些如蠶絲般的思緒，只會愈吐愈多、愈吐愈疲累，最後就只得困死在自己的繭裡。所有的痛苦經驗都是有意義的，它讓我們找到自己該走的路，但許多人沉溺在痛苦裡，這也是為什麼KTV裡有那麼多悲歌一再的被點唱的原因。

這樣的描述，貼近了莉雯的心路歷程，她每次到KTV都點唱台語悲歌〈為什麼？〉，而且一唱再唱。

她放下了所有的防衛和緊張，深嘆了一口氣：「下次我點〈愛拚才會贏〉！」

「對呀，〈守著陽光守著你〉這首歌也不賴！」

我不會唱歌，但這首歌的歌名確實很不錯。莉雯展露了笑容，紅潤的臉似乎又回復了生命活力，我要她趕快用手機把這張笑臉記錄下來。

「永遠不要忘記，妳有能力讓自己快樂和幸福！」

心動力新價值

誰迫害了我們呢？很多時候我們都會有這樣的感覺，我們被過去的經驗操弄著情緒，如果連自己都難以自我解讀，又如何教別人懂我們或要我們去了解別人呢？

放輕鬆，勇於面對自己，沒有哪種經歷會重要到我們必須為它終生煩惱，每一個人都無例外；勇於面對所有，問題自有解決之道！

找回我們失去的動能

這個世界不需要一部部賺錢機器，而是有愛有溫暖的「人」；家是需要耐心經營的，就像你的工作與投資，要精確付出才會有如期的收穫！

駿國是個追求卓越的經理人，我和他認識十年，他總充滿著衝勁，中途數度轉業，卻愈轉愈順，職位和收入也愈來愈高。太太和孩子原本都站在支持他為事業拚搏的角度，後來他發現家人和自己日漸生疏，雖然曾試著努力要和家人多一些共處時間，但工作過度忙碌，讓他空頭支票一再的開。有一天，他又開了一張支票——暑假要帶全家到歐洲去玩。話才剛說出，全家一致冷漠回應，已上高中的兒子，一時衝動的潑他冷水：「幼稚園就說要去日本，連日本都去不成，還要去什麼歐洲，

鬼才會相信你講的話！」

氣憤的他發了個大脾氣：「我辛苦的工作賺錢為了什麼？我願意一年三百六十五天都工作嗎？誰不想休假，但休假和工作哪一個重要？」孩子被罵之後，親子關係又陷入谷底，孩子不願再和爸爸親近，駿國也覺得孩子實在太不懂事了，一點都不體諒他的辛苦。

後來，他好幾次試圖親近孩子，但都被孩子冷漠的態度拒於門外。他愈來愈少和家人相處，有段時間他藉應酬的理由，和朋友沉迷於酒店等聲色場所，因為回家對他來說是個負擔，一開家門就勾起一股不愉快的情緒，夫妻還常常缺乏互動而吵架，他認定太太和小孩是依靠他而得以生存的寄生蟲，沒有他，他們就注定要餓肚子，要流落街頭。這些話很傷太太和孩子的自尊心，在經濟上，太太沒有工作的確是個弱勢，但他自視甚高，把家人視為僕役對待，家人也相對的把他視為外人；他是這個家庭的入侵者，只要他在家，就失去所有的歡笑和樂趣。大家都害怕接近他，一有機會全家用餐，孩子就像躲避瘟疫般的藉機離開，唯一無法逃避的是他的太太，為了家庭和諧，她只能委曲求全的強顏歡笑。

你付出什麼，就得到什麼

駿國事業很有成就，我第一次到他公司擔任在職訓練講師，他首先提到的是他叛逆的孩子不懂事和不上進。從他談話中，我很明顯的看出他的不滿，他為孩子付出那麼多，給他們就讀最好的學校、聘請最好的家教，要什麼就有什麼，為何孩子就是不肯用功，EQ還很低，更不懂得如何待人接物，他覺得小孩實在很難教。

「我的孩子，都是被他媽媽寵壞了。」

「駿國，你快樂嗎？」

「我不快樂，我很煩！」

駿國並不知道他自己真正想要的是什麼，表面上，他重視事業成就的企圖遠大於對家庭的關心，事實上，他更在乎家庭和太太、小孩之間的情感；他一直想扮演給予者、貢獻者的角色，但他只看重有形的金錢和物質，所以，家人間的互動也僅只於物質的關心。

「家是需要耐心經營的，你付出什麼，就可能得到什麼，就像你的工作與投資，要精確才會有如期的收穫！」

駿國有些懊惱，像他一個如此出色的企業家，卻不是一個成功的一家之主。他對家庭經營的不用心，事業再有成就，若缺少家人的分享，都會沒了色彩，甚至會失去該呈現的價值。駿國只是事業機器的一部分，他充滿疲累和無力感，生命無法休息片刻、補充能量。家是最重要的能量磁場，回到家能完全的放鬆，享受愛和溫暖，事業上的奮鬥才會具有意義和價值。

「我也想，但……唉，家家有本難唸的經……」

「沒有人一開始就知道如何當個愛人和爸媽，我們都只在練習、學習，你現在要做的是，坦誠的讓家人知道你需要他們，請他們再給你機會，孩子也期待他們的爸爸有所改變。」

駿國已經讓家人等了那麼久，還要讓家人再等下去嗎？他可以繼續逃避，然而一個男人會開口求助，表示他的內心已掙扎了很久，我看得出他很想重新建立家庭關係，但他不知道怎樣放下身段。

「把你的家人當成你最重要的客戶，用所有心力關注和經營彼此關係。經營得好，你的人生是全勝，經營不好，即使你擁有了全世界，也不會有成就感。」

駿國是個生意人，我這樣比喻他就懂了！

家人才是世界上最重要的資產

事隔兩日，他興奮的打電話向我道謝，因為他找到一個解決辦法。

那天回家途中，他買了花和小禮物，並分別為家裡的每個人寫了卡片，他告訴太太和孩子，他們才是世界上最重要的資產，有了他們，他的努力才會有意義和價值，他要家人原諒他過去的粗暴行徑，並希望他們能再給他一次機會，家人的情感回饋是最珍貴的禮物。當晚，駿國和妻兒緊緊擁抱著，他們都流下了最感動的淚水，駿國不斷的要家人提醒他，如果他又脫離好爸爸和好先生的劇本，一定要馬上提醒他。

駿國恢復了旺盛的鬥志和企圖心，最重要的是他充滿了飽足的能量；因為這個世界需要的不是一部部會賺錢的機器，而是有愛有溫暖的「人」。

心動力新價值

我們努力累積經驗、知識和資產，為工作付出熱情，然而我們真正「要」的又是什麼呢？別懷疑，沒有多少人是真正因工作、事業而存活的，如果付出但所得到的和快樂幸福無關，努力的意義何在呢？

快樂幸福的泉源，和我們的家緊密連繫，我們需要一個有愛有溫暖的家，我們需要用心去經營和投資才可以得到我們要的一切喔！

壓力的正確解讀

「壓力」會讓我們知道自己有著無限的潛力，任何事都必須憑著一股必定成功信念，勇往直前，人生才會有所突破。

孟婷是我朋友的孩子，自幼便有很好的表現，求學的路上一直都很平順，名列前茅並考取前三志願名校，也到國外留學取得企管碩士學位。返國後，工作始終不順利，她覺得高學歷的自己，怎麼老是找到第一線的基層工作，她在金融界工作好長一段時間，都是坐櫃台辦公，她無法接受自己和一般大學或專科畢業生做同樣的事情，待遇也只象徵的多個兩千元，而且常要被學歷不如自己優秀的主管，冷言嘲諷她只是個好看的花瓶。

壓力從何而來？

她工作得很不快樂，半年之後辭掉了工作，去到另一個剛成立不久的高科技公司，擔任行銷企劃部門的副主管。事實上孟婷就是部門的實際主管，底下有兩、三個大學甫畢業的社會新鮮人，剛開始她滿懷熱忱和衝勁，想要好好施展自己的抱負，但她的公司雖名為「高科技」，做的其實並不是什麼精密產品，而是一些軟體代理和事務性機器的消費性材料，儘管公司位在很好的區域地段，但只占某棟大樓裡的三、四十坪單位，每個人分配到的工作空間很少。

身為主管的孟婷，連打雜之類的聯絡事項都要親自去做，工作算是有自主性，也沒什麼太大壓力，偶爾還可以蹺班和朋友喝個下午茶，可是她仍然覺得自己根本不是主管，反而像是個工友，更何況這是一個剛成立的小公司，制度不臻完備，延時加班好像也是理所當然，和朋友見面，一見她頂著亮麗的頭銜，她卻只能內心苦笑著：她是個優秀的人才，為什麼只能做這些簡單的工作，她擁有的專業知識和能力一點都派不上用場，每天上班都背負著沉重的壓力，她真想辭掉工作，可是這種話很難向父母開口。當初她好不容易離開具有規模的金融機構，現在若再離職，工作會不會更難尋呢？

當然，以孟婷留美的學歷，要找一家外商公司或科技公司也不無可能，所以她寧願四處寄送求職函，而這次她已經有了比較周全的經驗，要找個具有規模的公司。她應徵上了「真正」的電子代工科技公司，在管理部門做專員，工作內容也明確，可是每天都要和時間作戰，工廠是三班制，日夜不停的運作，她雖能正常上下班，可是每天都要工作十小時以上，一週工作六天，下班後總是疲累不堪，而且每從週一開始，她就期待著假日的到來，假日通常是在補眠，晚上則東摸摸西摸摸的看影片或上網，直到很晚才睡，隔天都睡到下午。

工作半年之後，孟婷不知為何工作，為何生活，頭腦常一片空白，每天一再重複相同步調。由於前兩次的經驗，讓她不敢再有換工作的想法，而且工作的壓力和緊張，也讓她沒有任何心力去思考這種問題。每天一早進到辦公室，看到的景象是：每個人都一臉倦容，猛打哈欠。

每一季都有不可能的工作目標要達成，人事上的調配和協調永遠搞不定，孟婷只是個專員，可是工作常是無限量的一件接著一件，沒有人會問她承受得了嗎？每個人都告訴她「這是急件！」、「馬上就要！」，有時她還會做許多白工，已經趕好的文件，主管部門卻已經不需要。人與人的互動，好像只是電腦的指令應對，完成過程中，幾乎不帶任何感情。

工作了一年多，她有不錯的表現，終於升上部門的主管。高科技產業升遷很快，淘汰率也很快，主管職務讓孟婷面臨了更大的挑戰——她不僅要做事，還要管理部屬。人與人之間的互動，一個命令一個動作，似乎是很平常的，然而她的部屬卻不像她一樣的想，她常要花許多時間去說明解釋，而且常被拒絕和質疑，她欠缺了長官預期的工作效率和能力，每次開會都承受了極大的壓力，她不知該怎麼做，才能把事情做好，為此她常晚上焦慮失眠，隔天精神不濟，就出現更多的狀況。以男人為主的會議，她常懷疑自己是個沒能力、不適合的人，她找上司尋求協助，上司則冷漠的告訴她「適者生存，不適者淘汰」，工作上有困擾是她的事，要自己想辦法解決。公司付她一份薪水要的是十倍的產能，若適應不來，就要轉換跑道；這裡是競爭的職場，不是教育輔導機構。話說得是如此的斬釘截鐵，可是同樣的話，她告訴她的部屬，卻得不到什麼效果，甚至有人當場掉頭就走，絲毫不給她顏面，許多工作她只好自己做了。孟婷當了主管半年後，發現自己常提不起勁，好像生病了，她到醫院看診，醫生認為她得了憂鬱症，她只好辭掉工作，所以她的爸媽帶她來找我談談！

以正向態度來調適壓力

我向他們講解人在身、心、靈相互的健康關係，孟婷的症候可能是從睡眠問題所引起的，所以她的作息失序，晚上睡不著，隔天精神就不好，她只好猛喝濃咖啡支撐，到了晚上體力已耗盡、需要休息時，她卻精神奕奕，因為她養成了把咖啡當水喝的習慣，興奮過度的頭腦，當然無法正常休息。缺乏充分的休息，人就容易倦怠，精神自然欠佳，工作和人際互動能力自然會大受影響，這時再面臨主管給予的壓力，就會讓生病的身體成為一個退場的出口，如果她繼續這樣下去，嚴重的話，很可能就會產生許多原因不明的疾病和症狀。她事實上有兩種選擇，一個是像目前這樣的逃避，另一個選擇，就是設法調適自己。

在高度競爭的工作職場，我們要清楚自己的角色和定位，別太重視別人的評價，許多人「半途夭折」，就是覺得別人否定自己，進而自我否定；職場上，沒有人有多餘的時間去充分關照另一個人，不適應的人

退場，新人馬上銜接上，每個員工只能按既定任務發揮應有的功能。她就像剛進公司時遇到的前任主管，使用不久就因磨損而宣告退場；孟婷沒有任何能力上的問題，只不過要調適自己。高科技產業的文化就是如此，只要跟著團體的目標和腳步，前腳走後腳就要放開，產業中沒有人在乎過去，大家在乎的是前瞻性，許多討論過程的摩擦，開完會後就立即了結了，因為接下來的新任務是一波接著一波，誰也沒辦法停下來爭論不休。

孟婷必須將注意力調適得當，保持最佳狀況跟上公司的步伐，更重要的認知是，學歷是個敲門磚，只能讓我們進這個職場大門，進了職場之後每一個人都是平等的，要把學經歷放在一邊；生存靠的是自我能力，並永遠正向積極的思考，不管遇到任何事情，都當成學習自我提升的機會，任何時候都保持最佳狀態，全力以赴。「壓力」會讓我們知道自己有著無限的潛力，任何事都必須憑著一股必定成功信念，勇往直前，人生才會有所突破。

心動力新價值

孟婷並沒有失敗，而是她放棄了繼續努力的動作，我們如果常質疑自己為何而努力，動力會逐漸的消失。全力以赴，不需要理由，一切都因我們喜歡和願意。為什麼有人會輕易的退場，而有人則不管承受多少的壓力，依然神采飛揚呢？如果工作是我們生活下去的唯一選擇，家庭收入的唯一來源，生命勢必堅韌！

我們要調整自己的心，不論工作內容是什麼，我們都要常保熱情，還有源源不絕的活力；我們必須為自己負完全責任，讓自己喜歡自己該做的事，才可以真正提升自己，讓自己的潛能完全的激發出來！

雙贏才是真正的贏

把我們周遭的人，看成生命中最重要的朋友，任何事情的發生，都是學習和提升自己的機會；可別只貪得一時的贏，而賠上所有的一切喔！

淇軒是我在一次教育訓練時認識的夥伴，年輕而充滿了活力，是保險業的後起之秀，備受主管和顧客的喜歡和肯定，工作沒有幾年就爬上了經理的位置，可是他告訴我，他業績年年第一，卻得不到真正的掌聲。他累積了雄厚的顧客群，但不知為何好關係都不能長久，他帶出來的部屬也一個一個離他而去，更讓他生氣的是，他們的離開幾乎都是和他不歡而散。他不明白，自己是一個如此樂於分享和助人的人，周遭何以都是這群「爛人」呢？

淇軒的成功來自於他的努力，可惜他只成功了一半，因為他的眼裡只有自己而沒有別人，他的信念就是要自己全贏才算贏；一個業務人員該有的知識和技巧，在他身上發揮得淋漓盡致，幾乎完美無缺，但他鮮少注意別人的感受和想法。達成目標的過程有輸有贏，輸家要臣服於贏家，這是天經地義的事。我反問他，如果你不僅贏得目標，也贏得別人的信賴和歡喜，這樣不是更好嗎？保險業的競爭過程，經常要靠人際互動與互信才能成功，他何必贏得一時，卻失去了信賴與溫暖呢？淇軒看著我，一臉疑惑的向我解說保險業的生態，「有業績的人不斷往上升，沒有業績的人，就會被淘汰，業績，才是最重要的！」

「一個人所能擁有的時間力量是有限的，任何一個業務團隊，剛開始靠個人的努力創造出業績，接下來就要靠組織的力量。」

團隊除了制度，領導人的個人特質和魅力也是重要環節，我以他的上司為例，中年轉入保險業卻一路順遂的她，成功來自於她永遠保持謙和恭敬的心待人處事。任何人都有機會成功，關鍵是我們必須知道自己的優勢能力在哪裡。善用我們的天賦，我們就無須每天與人廝殺才得以存活。

我的優勢能力

「我有什麼優勢能力呢？」

淇軒的優勢能力是年輕有活力，充滿了必勝的企圖心，願意為成功付出所有；如果他可以明確找到自己的方向，他的成功是可預見的。

我又分享我的看法：任何行業裡，「人」都是最重要的資產，我們會用業績來衡量每一個人的重要性——哪個人是Ａ級客戶，哪些人是Ｂ級客戶，哪些人對我重要，哪些人是無足輕重的。我是以長遠和宏觀的角度來看待每一個人，因為每個人都可能是潛在的重要客戶，也許他現在不是，但他認識或接觸到的人，也許可會能是。不要只把所有能量全放在眼前的Ａ級客戶，因而漠視其他人的存在，真正的良好領導人，未必要具備最好的能力，但他一定要是個激勵部屬並發揮潛能的高手；激發別人的潛能，是不斷的了解和賞識，如果我們只為了自己而漠視別人的優點和表現，可能會給自己招來許多意想不到的麻煩和障礙！

淇軒是個聰明的年輕人，稍微提醒一下，就知道自己的問題在什麼地方，他接著問我：「我都很客氣，待人也很有禮貌，怎麼大家都不把我當成好朋友呢？」

「淇軒，你認為你的工作角色是……？」

「超級業務員、無敵鐵金剛！」

他展露出自信和驕傲的神情，沒錯，自信讓他擁有亮麗的業績，可是他的同事和顧客未必都喜歡「超級業務員」和「無敵鐵金剛」的他，大多數時候，他們可能比較喜歡淇軒是個單純的朋友角色，如果淇軒了解自己的問題，我想他面臨的狀況就會變得簡單，而且也會改善目前的困境。假如任何時候他都先顧及朋友，當然別人也以永遠的朋友相待。

做個真正的贏家

「業績只是競爭的結果，你何不在贏得友誼的同時，也贏得朋友的喝采和掌聲呢？」

不要只贏一時，而是要贏得長長久久，永遠以朋友的角色，感恩別人的支持和鼓勵，沒有顧客他還能贏得什麼呢？沒有同事的幫忙和支持，他所能贏得的也是有限。真正的人際關係是沒有競爭的，只有相互分享。

「不如把自己的角色定位在永遠學習的實習業務員吧！」

偶爾的勝利是上天的恩典，懷著感恩的心，謝謝所有的人給我們機會，並積極分享自己的心得，協助需要幫忙的人，我們的角色不是老師，而是和別人一起學習成長的學生。

淇軒果真聰明，他馬上調整和我不斷辯論的角色，轉而向我行禮表示敬意，我也立刻回禮感謝他給我學習的機會。誰是真正的贏家呢？淇軒的心態變得正向積極，也才能學習到更多的人生經驗，不是嗎？

心動力新價值

在高度競爭的世界中，我們究竟得和誰一爭高下呢？贏得升遷的人，未必永遠是贏家，或許下一個時機才是最好的機會喔！任何事情的發生，都把它當成學習和提升的機會，永遠把我們周遭的人，都看成生命中最重要的朋友。切記！可別只貪得一時的贏，而賠上所有的一切喔！

Chapter 2

心動力新態度

整個世界的工作環境已有很大的改變，過去「賣時間領薪水」的心態必須要有所調整，我們工作不只是「領一份薪水」，更應是個人學習成長的歷程。

這個社會需要的是懂得用心與用腦的人——「用心」是真誠並了解客戶的需求，給予最貼心的服務，客戶給了我們服務的機會，是對我們的看重，是我們的榮幸，所以我們應該懷著珍惜感恩的心，給予顧客最大的報答；「用腦」是把公司視為自己所有，努力讓公司發展得更好，或許我們領的不是豐厚的薪水，但態度會增加我們生命的深度和廣度。

我們改變過去的態度，讓時間帶動我們不斷的向善和向上，工作就不會再只是「領薪水的漫長過程」，它將會成為我們心靈的桃花源！

看重你的工作

學歷只是能力的外衣，積極學習才是決勝的關鍵；養成用心付出的工作態度，才會讓我們不斷的成長。

熱心的晉嘉

晉嘉是一家房屋仲介的業務員，由於他的熱忱和用心，平日分析各地區的房價和注意各種不同公共建設的訊息，主動提供給顧客參考，顧客也都因接觸而成了好鄰居和好朋友。我請教他是怎麼辦到的，他只簡短的告訴我，真心的把顧客當成家人，並以家人要買房子的心態，盡最大的努力幫他們找到最合適的，有沒有賺到錢另當別論。買房子的過

程，或多或少都會有一些必須注意的手續與事項，也要逐一的協助顧客完成，交屋之後若出現可能的瑕疵，能替顧客爭取的，他一項都不會放過。他還積極學習建築和裝潢的相關知識，改裝房子的相關法規他更是瞭如指掌，也主動提供給顧客參考。他有許多免費服務，因為他認為顧客支付的仲介費，不只是單純的在買賣房子而已，而是應該做到系統性的完善服務，所以他的顧客都是朋友介紹或打聽過後找上門的。

有人認為晉嘉很會做生意，但他不以生意人心態看待自己；他看重的不是錢，而是人與人相互認識和信任的過程。買賣房屋是一大筆的交易，過程中若有任何疏忽，顧客都會蒙受極大的損失，他會站在顧客的立場——「希望遇到的業務員是怎樣的」，他就努力去把這樣的角色扮演好！

親切的艾喻

艾喻是個便利商店的店員，每次到她服務的商店消費，都會被她親切的笑容和周到的服務所感動。原先我以為她是該店的店長，所以才會如此熱心投入，後來無意間知道她只是個員工，我對她的敬業態度於是更加欽佩。有天我好奇的問她是什麼樣的理由讓她樂在服務呢？她告訴我，工作時她就把自己當成老闆，這間店是她的所有，有什麼理由讓自己的店裡髒兮兮和沉悶沒朝氣呢？她喜歡工作，喜歡客人因她的快樂而快樂；她要享受工作，也讓她的客人享受她的服務。自小，她最喜歡的角色就是擔任店員販賣東西給別人，她現在做的事，正是她喜歡的事，誰是真正的老闆，其實並不重要。

她常到街坊店家消費，有些店員的服務讓她覺得不舒服，當下她便不斷思考：對方該說的歡迎詞都說了，該做的服務也都做了，為什麼她還會感覺不舒服呢？她認為這些人是為了錢在工作，她不想跟他們一樣，她只想為了自己的喜歡而工作，也讓客人享受她的工作，所以，不論多粗魯無禮的客人，她都會細心了解他們的感受和需求，用最大的努力讓他們滿意，即使沒有消費，只是走進來問路或換零錢，她的服務態度也都始終保持著，因為她認為別人給她服務的機會，就是她的榮幸！

虛心的志斌

志斌是個高科技製造廠的員工，他畢業於知名大學相關科系，目前的工作很單調，每天操作自動化的機器，盯著面板上的數字而已；但他覺得自己很幸福，做這麼簡單的工作，就可以有份不錯的薪水。有人替他抱屈，覺得他大材小用，而他卻樂在其中。他告訴我，一個人一生很難擁有在基層工作的經驗，有機會從事國、高中畢業就可以做的工作內容，等到他升任管理階層，就會更了解他們的需求和辛苦。任何的層級都應該是個學習機會，雖然只是做著簡單的操作工作，但他很認真的研讀和研究自動化機器相關原理和維修，只要有進修機會他都會主動爭取。

因為工作內容很單純，所以，他有更多的時間觀察和思考，並提出改進生產效能與避免不良率的流程，當然工作態度積極的志斌，不會留在第一線太久，不久後他就升任領班、組長、科長，一路被拔擢到副總。他告訴我，他最大的樂趣，就是不管做什麼事，都帶著很大的好奇，主動的涉獵相關的知識，把每一個角色都試著做到最好，未來有什麼發展，他很少關心，他只在乎自己現在學到了什麼。他覺得自己才是真正樂在工作的人，把工作當成學習的場所，把同事當成老師，遇到比他年紀小或職等低的人，也虛心的向他們學習。每一個人都有獨特的地方，每天都有獨特的事發生，用心的投入，再簡單的事，都能找到樂趣的所在。

積極的書雯

書雯是個工讀生，可是她和一般工讀的學生不一樣，一般人都很被動，沒有指令通常不會主動做事，可是她很積極，送公文、清潔、維修、買便當、打電話，她樣樣都做，她的經理有次便很感慨的說，其實那麼大的部門只要僱請她一個人就夠了。書雯在學校是學商的，一有空就進修語文和電腦，許多疑難雜症找她準沒錯，有時候下班之後沒課，她還協助其他還沒忙完的同事，把未完成的工作做好，有沒有加班費也不在乎。

有一天經理問她，她做的是計時工作，有什麼理由那麼認真？她告訴經理，有機會學習就要認真學習，因為現在犯錯有人會教導，她不但有這些大哥大姐可以請教，學到的本事更可以一輩子帶著走，所以，有學習的機會，為什麼要放棄呢？書雯工讀了一年，還沒畢業便被聘為正式員工，因為公司裡的每個人都需要她，深怕她哪天跳槽或被挖角。這

樣認真的人，是職場的稀有動物，有誰會不喜歡呢？

心動力新態度

學歷只是能力的外衣，積極和用心的學習才是決勝關鍵；養成用心付出的工作態度，不僅會讓我們不斷的成長，你還會常常就遇到人人期待的機會喔！

別小看自己

態度決定我們的高度，年輕就要有夢想，給自己一次機會，飛向自己想要去的地方！

態度決定我們的高度

諺翔是我輔導過的一個個案，由於他不太會讀書，所以只勉強拿到技術學院的文憑。還在讀書的時候，有一天他來找我，他問我像他這樣的條件，前途在哪裡？

「你的前途由你自己決定，你想要有什麼，你就一定可以得到什麼。」

他憂心的告訴我，像他這種三流學校畢業的學生，根本連面試的可能都沒有，任何一個大企業，絕對不會給他們機會。我反問他：「如果你是企業老闆，你會聘用什麼學校的學生和什麼類型的人呢？」

第一流的大學，當然有知識能力較佳的學生，但這樣的學生，將來未必是個態度認真、積極努力的人。態度是很難選的，如果聘用一個三流學校畢業，又是三流態度的員工，企業不就損失大了。我告訴諺翔，沒有好學歷，就要有比任何人還積極努力的態度，如果他嚮往進入某一家公司，從現在開始，就去研究該公司究竟需要什麼樣的人才，並充分的蒐集資料和準備，更重要的是，如果對方肯給我們機會，一定要以工作績效來回報。我只是隨便和他聊聊，沒想到這些話他真的聽進去了！

諺翔沒有靠任何的關係和管道，只鎖定目標，認真研讀相關的產業知識，做了系統性的分析和整理，並預測了這個產業發展的未來可能性，有些資料是相關產業提供的財經分析，他也加以整理綜合。畢業之際，他寫了三十頁的求職信，陸續寄送十封信給相關企業，約他面談的竟然有八封。

他因長期做了準備，所以面談時十分順利，八家企業都希望他到公司來上班，他當時還打電話來問我意見，我則告訴他，要相信自己分析的資料，但切記別選最大、最好的公司，而是要選未來發展可能性最高的。最後，諺翔選擇了一間規模中等的公司，理由是這間公司的分工沒有那麼細，所以有機會到各部門學習。幾年歷練下來，他已經是這個行業裡，相當出色的業務經理。諺翔的信念是「永遠學習，絕不輕言放棄」，他要接洽每個顧客之前，通常會先研究這個公司的需求和文化，並深入了解對口的採購人員和經理人的風格，他用心準備的態度，讓他的接單率幾乎是百分之百，而他鍥而不捨的誠懇態度，也讓少數拒絕他的企業，日後都還有機會往來。

「成功的祕訣是什麼呢？」

「看重自己，永遠給自己機會。」

諺翔毫不猶豫的給了我期待的答案，他甚至還學我說話：「我們沒

有別人的聰明，就要有別人沒有的努力，永不放棄、堅持到底、奮發向上！」

我已經很多年沒見到諺翔，他只在逢年過節時給我一通簡訊或一封E-mail。我很高興有他這樣的朋友，別小看自己——態度決定我們的高度，年輕就要有夢想，給自己一次機會，飛向自己想要去的地方！

學位和能力無關

我認識的另一個年輕人世鵬，際遇正好和諺翔不同，他從小一路順利，一直讀到博士班才遇到了瓶頸，他的第一次資格考被刷下來，這讓他十分受挫，讀到最後幾乎瀕臨崩潰。有天他突然打電話給我，要我給他一點意見。

「挫折和失敗是上天賜給我們最珍貴的禮物，它讓我們知道我們有多麼需要看重自己。」

一個看重自己的人，會相信任何際遇都是學習的機會，珍惜每一種不同的經歷，豐富我們的人生。順利如意的路上，只讓我們看到一種風景，嘗到一種人生滋味，所以，世鵬的不順和困難正是上天的禮物，如果博士學位如探囊取物，這個學位有何價值呢？

「我不要失敗……」

「你錯了！沒有失敗的存在，任何的失敗都是成功的一部分！」

一個人如果真正了解什麼是成功，他就會欣然接受任何不如他期待的結果，一切都是學習自我提升和成長的契機。

「萬一我再失敗一次，我就拿不到學位了！」

世鵬可能會拿不到學位，而拿不到學位的人，最後的成就未必比拿到學位的人差，為什麼呢？因為夢想沒有完成，讓人保持著旺盛的「追夢活力」，會比有學位的人謙卑和努力。這個社會看重的不是學位，即使世鵬拿到學位，也不要太高興，因為文憑不代表能力，態度才能使他成為有能力的人。最後，我還是鼓勵世鵬全力以赴，如果沒拿到學位，工作一段時間之後再回學校，他的研究說不定會更深入。

世鵬果真沒有通過第二次資格考，他離開了學校，在一所高職任教，他在教導學生的過程中，產生了許多心得和想法，也做了許多實驗和研究，幾年後以在職身分重回學校念書，他的心情和體悟也完全不同了。幾經波折，繞了遠路的他，終於拿到了學位，而他依然是一位稱職的高職教師。

他覺得學位和能力真的無關，每天和這群孩子一起成長，他覺得很快樂；工作能讓他得到滿足，如果不是幾年前的挫敗，他還真不知道自己最適合的竟然是在高職任教，激勵這群孩子，為自己的人生做最大努力而學習。如果我們有讀書和考試的天分，更要了解那只是人生的一小部分，還要用更謙卑的心，去學習、去努力，才能走出屬於自己的路！

心動力新態度

我們究竟適合什麼位置，沒有人會知道，但可以知道的是：任何的人生遭遇，都是上天的安排。不一定每一個人都會爬上更高、更好的位置，任何的處境都是上天賜予的恩典。永遠珍惜、永遠努力，把握當下，才能創造精采的未來！

珍惜每一個服務別人的機會

盡我所能的服務，帶著珍惜和感恩的心去實踐，讓每一個和我們接觸的人，都能因而獲益歡喜，這就是該努力的目標。

儀姿自大學畢業後，工作一直不順利，她不了解何以一位堂堂的大學畢業生，能夠應徵的工作都缺乏專業性（有些根本就是工讀生或工友就可做的事），最後她好不容易應徵上公家機關，做的是最基層的雇員工作。由於工作繁雜，必須直接面對民眾，許多時候她常被不講理的民眾給惹惱了，因而和民眾起了衝突。她覺得很委屈，明明就是民眾不講理，為什麼上司總是不挺她，還當眾教訓她，要她以道歉了事。她常躲在廁所哭泣，很想辭掉工作，但一想到自己準備了那麼久，才擠進公職窄門，實在不甘心就這樣放棄了！

「月薪也才兩萬多，還要受那麼多委屈，我到底錯在哪裡？」

她來找我時，一開口，委屈的淚水便不禁滑落。

了解自己的職務與定位

在公部門工作，受委屈的不只有面對民眾的她，高層者，比如部會首長，面對立委或議員的質詢，毫不留情的當眾羞辱，那樣的痛苦，絕對比儀姿受的委屈要來得更大。公部門的工作定位很清楚：我們是人民的公僕，不管民眾的身分為何、態度怎樣，都要想盡各種辦法，提供他們最滿意的服務。這是整個社會對公務人員的期待，民眾給我們服務的機會，我們要心存感恩，任何批評都是我們學習成長的機會。這些話聽在儀姿耳裡，確實有點不好受，她來找我，原本是希望我能徹底安慰她，但我覺得她的心態必須調整，任何的工作和職位都是重要的，機關的形象建立，都是第一線人員長期累積的結果；民間企業不斷在進步，身為人民公僕的我們，更沒有理由保持過去的傲慢。

「就連不講理和性騷擾也要接受嗎？」

第一線人員要接觸各種不同類型的人，面對輕浮不被尊重，又夾帶性意識的人，我們當然要拒絕他，而且我們要有這樣的認知：有些民眾知識水準和修養本來就不夠，動不動就把三字經掛嘴邊，如果我們要把這些當成不當騷擾，當然也可以，但我的解決方式是傾向於「如何藉機會引導他用比較合宜的方式來互動」，不要因民眾的不懂禮貌，就輕易忽略了我們該做的事和該扮演的角色。

「樂於服務別人，把每一個人都當成貴賓看待，一切都會變得容易而簡單。」

涉及人民權益的事，一定要謹慎處理，因為我們代表的不是個人，而是國家政府。「讓人民滿意是永無止境的努力！」這是我在新加坡看到當地公務人員表現的心得，我們不能期望政府給予高薪，我們才提供高的服務品質，我們本應從自己的角色做起。我也是基層第一線的公僕，盡我所能的服務是我的職責，這不僅是該做的事，而且要帶著珍惜和感恩的心去實踐。在公家機關工作，能夠有穩定的環境和收入，我們怎麼可以不盡心盡力呢？我不是在教訓儀姿，而是分享我多年的心得；我喜歡在第一線做直接服務，因為那裡才有真正的學習和成長機會。

重不重要，由你自己決定

「我又不是什麼重要人物和角色，我算什麼？一個雇員而已耶！講這樣……社會的興亡好像都該由我負責！」

我也非重要角色和人物，雖然通過公務人員高等考試，領主管的加給，然而我還是公部門的一顆小小螺絲釘。別小看自己，我們領一份薪水，做好一件事，讓每一個和我們接觸的人，都能因而獲益歡喜，這就是我們該努力的目標。我很能了解儀姿的委屈，但若不調整心態，她將來還會受更大的委屈。不僅在公部門，私人企業也是如此，我們要學習去熱愛我們的工作，以我們的工作為榮，這不是口號，而是實踐和努力的方向。

儀姿有些失落，她還是覺得自己微不足道，在工作環境裡，每個人都是她的上司，官大學問大，只有職等高的人說的才算話，她的意見只會是「找麻煩」和「愛計較」！

官僚體系不可避免的是，下位者要服膺於上位者，不管是否認同，你都要學習欣然接受和自我調適；只要合於法令規定，就別計較太多，也別因此而不愉快或在背後批評，這對我們都不會有好處的。否則，就不要進入這個系統工作，若進入了這樣的系統，我們就必須接受它，否則漫漫歲月只為一份薪水，忍受如此大的辛苦是很不值得的，還不如早早給自己更好的職涯規劃。

儀姿她還是希望在公部門服務，她問我該如何考試升遷。

在公部門，很重要的就是任用資格，沒有經過考試詮敘，身分和權益是沒有保障的。我鼓勵儀姿如果想留在公部門服務，不管需要花費多少時間，都不要放棄，至少要有一張合格證書，至於可以升遷到什麼位置，每個人的需求和期待則有所不同。忠於自己的特質，別因社會的期待，而讓自己待在不適合的位置。工作不是被薪水壓榨的過程，一切可以由自己決定和選擇，任何的職位和角色都是重要的，職務大的人，有職務大的角色和責任，職務小的人，也有不同的一片天。看重自己，別輕易放棄努力！

心動力新態度

我們的態度決定我們的服務品質，你怎麼看待你的工作呢？別小看自己，把自己看得重要，才會有熱忱和活力，有機會和我們接觸的人才能因此而獲益！

服務別人是成就自己

一個人不一定要做大事，但一定要把每一件小事做好，人與人之間的信賴，是不容易被取代和複製的：用服務別人來成就自己吧！

建興是我認識好久的朋友，這幾年以來，我觀察到他有一個很特別的人格特質——做事不只是把它做完，而且還認真去做到最好。

第一次發現他的與眾不同，是在某個下雨天，他把每份報紙都套上塑膠袋（公司並沒有要求他這麼做），後來他送報兼送羊奶，仍舊是非常細心的照顧每個客戶的感覺。我很好奇這樣的人將來會做出什麼樣的事業，後來他也做飯包生意，幫不方便做飯的家庭送便當到家，同時也做洗衣和社區快遞服務。不久後，他考取代書，做各種代辦手續，後來他陸續做了房屋仲介、幫忙居家服務、小學生的安親班、小孩接送……，我的印象裡，大家一有什麼需要，第一個想到的就是「阿興」，選里長時，他當然是不二人選（後來又當上市民代表）。不管他做什麼，一定隨叫隨到，當然他不只是「一人服務部隊」，他曾經聘請過十個員工幫忙做事。

服務不分你我他

有一天我很好奇問他，他的正職是什麼？

「服務業啊！」

社區裡的所有大小事，只要需要服務的，建興都做，舉凡水管不通、換電燈泡、替小孩送便當都可以找他，他收取的房屋仲介費用，也是別人一半的價錢，代書費也七折八扣的少收很多。他告訴我他的管銷費用很少，大部分都是客戶主動上門或介紹來的，十幾年的老鄰居和老朋友，大家都信任他，甚至家門鑰匙都敢交給他保管，度假時，寵物沒人照顧也交給他。他熟悉整個地區的需求，婚喪喜慶也都主動幫忙，鄰居有不要的大型家具或電器，也會找他幫忙處理（他自己有個小型工廠，專門回收家具和腳踏車）。

他服務別人的主要原因是，他有一個行動不便的媽媽要照顧，無法像一般人一樣去上班工作，所以，就做一個有時間彈性的社區服務工作，一做就是十幾二十年。母親過世後，服務便成了他的職業，我問他，這樣的收入穩不穩定，他則告訴我，早上送報、送羊奶，這兩項收入足夠支出基本的家用，而且因每天在社區走動，能夠迅速掌握哪家要裝潢、哪家要換房子，房屋仲介是他收入的大宗。他的收入不比一家小型公司差，只是他的想法不在於營利，而是不斷的整合資源，並回饋給社區居民；他甚至提供社區低收入家庭成員許多工作機會，你很難想像他一個人在社區裡像個褓姆，又像個管家，而這確實是他的工作。

有一天我請他代辦一些事務性的工作，順便和他閒聊，認識他那

麼多年，他對任何人始終保持著親切和熱忱，我問他到底有什麼祕訣。他開玩笑的說，社區每一個人都是他的老闆和衣食父母，這些人像他的上帝，賜給他吃的、穿的，還有生活一切所需，他的房子和孩子的教養費用，全是社區的居民送給他的，他要以感恩和珍惜的心，奉獻自己所有給社區的好朋友。這樣的想法真是讓人感動，他很真誠，做事也透明化，收多少費用，用在哪裡，他自己賺了多少錢，都詳列明細公布給大家看，大家若有疑義，他也都坦白的告知。

服務別人就是最大的投資

服務別人就是他最大的投資，當民意代表時，他毫無架子，任何大小陳情他一定全力以赴，贏得大家的信賴和掌聲，有人勸他，可以更上一層參選議員，他卻明白的說，他知道自己要的是什麼，能做的是什麼，每天在社區服務，才是他想要的。

建興分享他的心得：一個人不一定要做大事，但一定要把每一件小事做好。他服務他人不是為了賺錢，而是累積他與客戶長期的信賴關係；他心中一直有個理想的服務區域，報紙和羊奶送到哪裡，服務的領域就到哪裡。

目前社區大樓一棟一棟蓋了起來，於是他多了一項新任務，就是擔任保全和資源回收工作。我一直覺得這個社區能維持著向心力，其實建興是最大的幕後功臣，若沒有他的盡心盡力，社區恐怕會失去秩序！

心動力新態度

什麼是藍海策略？我並不是很了解，但建興的成功讓我有很深的體悟：如果每個人都能這樣做生意，我想這個社會一定會愈來愈健康。你要的成功是什麼呢？人與人之間的信賴，是不容易被取代和複製的，而這項資產是用時間，一點一滴累積而來的，你想賺什麼樣的錢呢？學學建與用服務別人來成就自己吧！

創造自己的價值

不要只計較眼前的得失和收入，罔顧未來可能的高獲利資產；每個人都有無限潛能，關鍵在於我們是否願意始終如一的投資自己、創造機會！

我的父親生前是個企管顧問師，有次假日我們回家探望他，正好資源回收的人來家中幫忙處理不要的鐵器、銅線和舊報紙，他問收買的人一斤多少？收買的人回答：「銅一斤五十元、鐵一斤十元、報紙一斤一元！」

家父拿起生鏽的鐵，告訴我們這鐵一斤雖只值十元，它真正的價格卻是難以估計的，如果一斤的鐵做成了門窗，可能價值翻漲十倍，若做成不鏽鋼的螺絲，應該會有一百倍的價值，若做成手錶零件，可能是一千倍，若製成藝術品，有可能是無價之寶。

投資未來的人生

別小看自己，就隨便給自己訂下「價格」。多年前，我才剛出來演講授課，父親拿報紙給我看，是《EQ》一書的作者高曼博士到香港演講的消息，他一個小時的鐘點費以百萬元計算，而卸任的美國總統來台灣演講，一場也是數百萬。為什麼同樣的一個小時，我的費用是他們千萬分之一呢？理由只有一個，他們能有這樣的價碼，都是因為他們投資自己數十年、累積了足夠的資產。不要羨慕他們的收入，他們絕不是剛出道就有這個價碼！

就像被回收的鐵，一轉手的差價可能是好幾倍，而決定人的價值差異是在於知識、經驗和頭腦。投資自己，永遠不要只計較眼前的得失和收入，罔顧未來可能的高獲利資產。父親進一步的教導我，我做的工作主要著眼在青少年的犯罪輔導，以及每天和一群犯過罪的孩子為伍，許多人不屑長期擔任這樣的工作——和這一群迷途的小孩相處，會有什麼好前途呢？但如果用心投入，把這份工作做出心得和成就，讓人另眼相看，就算是再不起眼的工作，總有一天會成就難以估計的價值。

父親臨終的前一天還特別打電話給我，要我堅守自己的理想，大部分人都會往光明有前途的地方走，只有長期留在暗處點燈的人，才能讓別人看見希望和光明。先父已去世十年了，我做這份工作也超過二十年，有一天，一位接待我演講的年輕人，問我該如何努力，才能領到像我一樣的鐘點費，我把先父生前的教導，毫無保留的告訴他。堅守自己的專業，把它做到最好，我們追求的一切自然就會實現；這個世界期待的演講者不是只會「說」的人，而是一個曾經做過什麼、經歷過什麼的人。人生的豐富來自於許多不如我們期待的意外和挫折，人生的精采來自於我們勇敢面對艱困和挑戰，把不可能變成可能。我的工作正是如此，把一群自我放棄的小孩，帶引回正途，依靠的不僅是專業的知識，更是堅定的意志力。

永遠不放棄

有次我受邀到一家大企業演講，他們看到我的經歷是區區一名公務人員，臉上很自然的浮現了不屑的表情，我可以理解，公務人員的確給許多人「不求上進又混日子等退休」的印象，再看到我做的是青少年犯罪輔導，就開始考慮是不是該邀請我。我告訴他們，雖然我只是一個小小的公務員，但我擁有把每一個自我放棄的孩子，從社會邊緣帶回來的能耐，那麼，這個世界上還有什麼不可被我激勵的人呢？

這家企業被我說服了，他們給了我一次機會，我從此成為他們常任的講座，他們幾萬名員工幾乎都上過我的課，這是他們企業創辦至今的先例。我常回想先父的教誨：一塊鐵的價值是難以估計的，別因它是一塊生鏽的鐵而輕視它，它的價值來自我們的智慧。我的公務員背景和所

做的工作，儘管給了我許多限制，然而它卻是最有利於我的資產，加上我的成長過程之中，遭受許多困頓，還能夠創造生命中的奇蹟和希望；我始終相信每個人都有無限潛能，關鍵在於我們是否願意始終如一的投資自己、創造機會！

每次看到資源回收，我就會想到先父的教誨，沒有一樣東西的價值是恆定的，就像沒有一個人的命運是恆定的，我們此時此刻所做的努力，就決定未來將成為什麼樣的人。別羨慕任何人的成就，生鏽的廢鐵之所以成為高價值產品或零件，是經過無數的自我投資和努力，所得到的成就。永遠不放棄為自己投資，我們不要只甘於做一個追求高所得和高收入的人，同時也要激勵其他人和我們一起努力，才能創造生命中的各種可能。

心動力新態度

我到無數的機關和企業，分享以上這些經驗。別小看自己目前任職的工作，凡事都要認真而且全力以赴的學習，現在所做的一切，都將成為我們未來生命最重要的資產。不要做一個被動消極、光領薪水的員工，永遠珍惜現在的機會，總有一天你會發現，生命真是個無限的寶庫，裡面的所有珍寶，都是此時此刻所累積起來的喔！

讀懂自己，認識真正的朋友

我們必須清楚自己要的是什麼，期待自己成為什麼樣的人，讓自己處在什麼樣的位階，才能了解生命的意義！

很久以前我去上了人際關係的課程，有次老師帶領大家做一個遊戲，至今仍教我印象深刻。他要我們每個人在一張A4紙上，寫出自己經常接觸的六個人的名字以及他們的月收入，然後把這六個人的收入加起來，算出它的平均數，差不多就是自己的所得。這幾年來，偶爾在我的課程之中，也會玩一下這種小遊戲。（真的滿準的，你也可以試試看！）這個遊戲的本質是要讓人了解，什麼叫做「耳濡目染」；如果我們想擁有財富，無疑的我們會和有錢人做朋友，我們想要成功，就要和心目中認為成功的人為伍。

許多人一直在強調人脈就是錢脈，就是成功的道路；每一個成功的人，周遭總是吸引到一堆想要成功的人。我比較不認同的是，一定要去依附這些成功的人，我比較在意的是，你到底了不了解自己究竟是什麼樣的人。你是什麼樣的人，自然會結交和你同一類的人。我喜歡運動，當然我不會和整天懶散、待在家裡的人成為朋友；我是一個重視家庭生活和互動的人，當然我就不會有愛應酬喝酒的朋友；我看重自我成長勝於金錢，我的周遭無疑的就是這些愛學習、愛讀書的人；我是一個愛好簡單生活的人，我幾乎沒有擁有名車、名牌和穿金戴銀的朋友。

如何期待你自己

深入的去讀讀「自己」這本深奧的書，我們究竟期待自己成為什麼樣的人呢？這個問題我已經問自己幾十年了，還未有確切的答案，所

以，各位別馬上急著要有一個明確的答案。我小時候最嚮往的，就是成為一個沒有顯赫頭銜，卻擁有智慧和能力，四處行俠仗義並默默救苦救難的人；別小看小時候的想法，它會影響我們長大後的人生方向。我的父親生前要我做一個在暗處點燈的人，我覺得這種人生觀恰巧符合我對自己的期待——忠於自己，做一個在基層付出的輔導工作者。

你期待你自己成為什麼樣的人？我的一位好朋友，就告訴我他要成為一位傑出的企業家，我問他為什麼，他說他的父母皆是辛苦的勞動階級，周遭都是一些花時間和勞力賺錢的人，我再問他，倘若成為傑出的企業家，他真正想要的又是什麼呢？他思考好一陣子告訴我，有錢、有地位、能被別人尊敬和有影響力。

「你有仔細想過，自己想要的是什麼嗎？」

我的朋友一時沉默下來，這個問題表面上看似容易，卻沒有幾個人能回答得具體且明確。

「自己是有限的，我們甚至很難清楚知道自己真正要的是什麼。」

深入一點的說，所有我們想要的東西，裡頭其實還蘊藏著不同的聲音，那些是我們生命的經驗吶喊。

「所以，你真正想要的是什麼呢？」

「我不知道！」

自我澄清才能讀懂自己

我認為，不知道才是真正的了解。我們不需要知道，因為任何的知道都是無知的一部分，只有透過不斷自我澄清的過程，才容易了解什麼樣的人是我們「不期待」的，人際的互動有時是彼此互補，有時是氣味相投，看看我們周遭的朋友，他們了解自己嗎？我們常常和他們聚在一起，為的又是什麼呢？

我們的內在有各種不同的趨力，以及來自生理和心理的、來自社會的種種需求，我們並不是一個單一的人，我們的內心住著意見紛雜、變

化不定的「一群人」，傾聽他們之間的糾葛和對話，你就會更容易了解自己。我們不容易了解自己，別人也是一樣；我們容易失控和迷失，別人也是一樣。財富和成就是每個人都期待的；但收入只是個數字，成就也不過是個頭銜，生命該分配多少時間與心力給這些數字和頭銜，又該保留多少給家庭和自己呢？我們必須清楚自己要的是什麼，否則最後我們可能會疲於奔命於應酬而已！

心動力新態度

一群收入相當的人聚在一起是有道理的，因為背景相近，我們可以減去不必要的壓力，大家都相近，也比較能夠真心相待；不同階層的人，不容易相聚和彼此吸引。朋友如此，婚姻的組合也是如此，衡

量我們自己，該讓自己處在什麼樣的位階，我們才會快樂和幸福呢？和哪些人往來，才容易分享彼此的一切呢？這可要多多的用心衡量，可別做個唯利是圖的人喔！

命運由自己決定

真正有影響力的是自己，未來的命運掌握在你手中；你為自己努力了什麼，才有機會得到你要的未來。

我輔導過許多原住民孩子，凱傑是其中之一，有一次我去做家庭查訪，他正好在外面玩，跑過來的時候手上抓著一條小青竹絲在玩，他用手捏著蛇的頭，這條蛇的身體捲著他的手，他頑皮的問我：

「老師你猜這條蛇是活的還是死的？」

這還用猜，當然是活的。可是我說是活的，凱傑大拇指會用力一壓，蛇就會變成死的；我說是死的，他很可能會放手把蛇扔過來我身上。所以我決定看著他並告訴他：「這條蛇的死活，由你的手來決定，就像你的命運，由你的手決定一樣。」

凱傑當時覺得很沒趣，怎麼有這麼不上道、不好玩的老師。

被我輔導多年，凱傑總抱怨自己的原住民身分，常被同學排斥和取笑，老師對待他也有偏見，因此他經常不想上學。我覺得他在給自己找不想上課的藉口，藉著抓蛇的事件，我對他說，沒有人是沒有偏見的，大家比較喜歡聽話懂事的學生，願意上進又全力以赴的孩子；真正有影響力的是自己，未來的命運也由自己決定，是不是能順利領到國中畢業證書，更不是由老師決定，而是由他自己決定。

希望是自己爭取來的

我小時候曾在原住民的部落附近成長，我有許多到現在仍有聯絡的原住民朋友。原住民孩子的發展有兩個極端方向：有很珍惜認真的人；也有不把自己前途當成一回事，整天打混等著領政府補助的人。

我兒時的好友崇恩，就是一個非常上進的人，他利用教會的資源一路讀完了醫學院，後來也回到故鄉行醫，有一次我們一起聊天，我問他為什麼這麼努力用功，他回答我，他爸爸是個酒鬼，工作一天就醉一天，媽媽很早就離開他們，不知去向，自幼只得依靠年老多病的阿嬤和教會牧師、牧師娘的照顧，如果他不奮發向上，未來的希望又在哪裡？讀書是唯一能夠讓自己翻身，擺脫貧困和找回自尊的路，不管受到什麼歧視和羞辱，他都不當一回事。他的座右銘就是：「不讀書就沒前途，讀書才有希望！」

我另一個好朋友陳亮則恰恰相反，從小他常帶我一起逃課，到河裡抓魚撈蝦，我後來想要讀書，也曾勸他一起來讀書，但他認為原住民天生就沒希望，讀書又能改變些什麼，一輩子還是被人瞧不起的原住民。後來他的命運和他爸爸相同——酒後騎車，摔死了！

他們兩個人的身分背景相似，命運卻完全不同，我把他們兩個人的故事，分享給凱傑，希望他能以崇恩為榜樣，未來做一個讓別人尊敬，有能力奉獻自己給家鄉的人，可是凱傑一臉冷漠，告訴我人生應該是快快樂樂的，為何要那麼辛苦，況且讀書不一定有前途，他國中畢業找個模板工作，一天可以現領兩千元，多「爽」的一件事，有錢還可以買酒喝，找女人！

我講不出話來，沉默了許久，這是凱傑的選擇，我能改變什麼嗎？

「這是你的價值觀，老師尊重你的選擇，但請你永遠記住：自己的命運由自己決定，並為自己負責。」

凱傑一再的輟學，國中尚未畢業，就因多次騎贓車、機車竊盜和毒品案，被裁定執行感化教育。我前去探望他，沒想到他因生活規律，飲食正常，變得高大有精神，我原以為他會為自己的過錯向我懺悔，沒想到他竟然對我說：

「輔育院那麼好，老師你應該早點送我進來，這裡好像天堂，有吃有喝，快樂得不得了！」

我的天呀！希望他是在開玩笑！凱傑對生活的自我要求真的不高，

調適的能力又強，任何環境對他而言，他都很容易調適，這是他的優點；而欠缺人生的目標和方向，凡事得過且過，很容易滿足現狀，是他的缺點。最後他告訴我，如果可以選擇，他住在輔育院一輩子都無所謂！

「你有權決定自己的命運和未來，就如同當初被你捏在手上的那條小蛇，牠的生死也由你決定。」

我能為這個孩子多做什麼呢？我認為好的，凱傑卻不這麼認為。生命中的快樂和幸福沒有一定的定義，而我仍希望凱傑能努力做一個被社會期待的人。

心動力新態度

社會上，類似凱傑的故事層出不窮，不會因原住民的身分背景而有什麼不同。放棄自我努力的人，社會上比比皆是，這些人需要同情還是需要救助呢？這篇要和你分享的是：任何人都一樣，命運掌握在我們自己手中，你為自己努力了什麼，才有機會得到你要的未來。

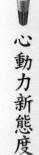

Chapter 3

心動力新視界

想法和態度的轉變，可能一時改變不了收入和工作，但一定可以改變你的心情和視界；有好的心情，面對同樣的工作和角色，就不會感到倦怠和想逃避，就會看見生活上和工作中的樂趣。

什麼樣的想法和態度是我們需要的呢？無疑的就是讓自己學習保持正向積極的想法，接受各種不同的遭遇，把任何事情的發生都看成是生命恩典，並用一顆珍惜和感恩的心，領受這份難得的禮物。尤其是我們所不期待的事件和遭遇，絕非災難和困難，它們是難得的禮物；如果必須和不喜歡的人生活，我們雖然可以選擇對抗和衝突，而終究可以改變什麼呢？如果我們不能改變對方，為什麼不做一些自我調適，別讓自己陷入痛苦呢？

我們改變不了世界，我們卻可以轉換心情和角度看待一切。我只希望你快樂的享有生命所有一切，因為你是如此的難得和獨特，值得擁有最美好的一切。

兩性的新視界

不要口是心非，不要假借各種名義與異性互動，別讓自己輕易陷入容易失控的情境喔！

曉君是我去企業演講時認識的朋友，她身處單親家庭，一個人要照顧孩子又要上班，她問我為什麼男人會這麼沒有責任感呢？

「妳是怎麼發現男人的『祕密』？」

以生物界的雄雌互動和角色來分析，女性的確比較偉大，要懷孕和生產，也要照顧幼小的子女，大部分男性都只負責覓食和安全的防護，甚至許多雄性動物只會播「種」。

「男人又不是動物！」

我理解曉君的想法，男人應該理性的為家庭和工作，善盡自己的責任。傳統社會，男主外、女主內，儘管現今社會大多已是雙薪家庭，協助家務的男人仍不多見，甚至不認真工作，在外拈花惹草，依靠妻子生活，經常動粗，恐嚇脅迫妻小的男人還是很多（但，有責任感，工作之餘會回家做飯、協助家務的男人也不少）。我比較好奇的是，是曉君運氣真的太差、遇人不淑，還是和她本身的人格特質有關係呢？

「妳的父母和兄弟姐妹，他們的家庭幸福、美滿嗎？」

曉君的答案是否定的，家族之中，男人多半是破壞家庭和諧的幕後黑手，而她認識的人，好像很少有如同我這樣認真和用心的好男人！

「這是溢美之詞啊！」

幸福需要共同學習與經營

我的原生家庭也是一個以父權為中心的傳統家庭，媽媽的角色總是卑微的，我心中除了不捨之外，也覺得女人應該有所覺醒——如果妳不喜歡以男人為中心，充滿權威和粗暴的互動家庭，就要設法去改變。我從小觀察我的媽媽，她自願做個奉獻犧牲的角色，而且許多女性也以為這樣就是「愛」的表現，殊不知以一個男人的眼光和需求來看，其實並不希望另一半只是這樣「單一功能」的女人，因為這會讓一個男人在家裡失去了功能和價值。

婚姻是夫妻兩人共同學習成長的過程，要幸福自己就要懂得去經營。每個人的特質不同，我們會決定選擇怎樣的男人或女人做我們的人生伴侶，其實和我們的個人特質有著絕對相關。什麼特質的人，就吸引到什麼樣的人，指責和抱怨是無濟於事的，了解自己才能替婚姻解套，得到想要的幸福！

我舉了一個例子：最近一個我輔導過的女個案要結婚，她興高采烈的送喜帖給我，希望得到我的祝福；我表面上給予最大的祝福，內心卻有許多憂心。她是個叛逆和自我控制能力極差的人，成長過程一路跌跌撞撞，自己都照顧不好自己，要和另外一個背景類似的人在一起生活，困難度應該很高。我很想告訴她不急著這麼快結婚，讓自己再多一些時間準備也不遲，可是她告訴我她已經三十歲了，再不結婚就太晚了！

結婚是「學習」的開始，未必是幸福的開始，一切的美好都是靠我們用心投資，才會有幸福的結果。她是個好孩子，我始終陪伴她成長，而她受父母的影響甚大，親子間因此常做出彼此傷害的事情。千頭萬緒的我只希望能多幫她一點，而我愛莫能助，我只能給予最大的祝福，因為她的婚姻和人生只能由她自己決定。

「婚姻是學習的開始？可是我的先生從不學習……」

了解與諒解

曉君可能需要多多了解男性，而不是從「管」、也不是從「教」下手。男人的學習模式和女人不同，有目的和結果，有冒險和挑戰，可以賺到錢，或可以升遷、或可以得到別人尊敬與賞識，男人可能會比較有學習動機。如果要「他」學習，就要用不同的方式。

「男人怎麼這麼難搞！」

「女人也很難搞定，不信妳可以去問一下妳的前夫，他也一定有滿肚子委屈！」

男女之間如果沒有一些基本的了解，常會給彼此帶來失落。我希望曉君能用了解來代替指責，怨恨無益於她的單親家庭狀況，反倒會因不良情緒帶給孩子許多負面影響。

「男人為什麼會那麼好色？」

她因前夫有外遇而離婚，最近聽說他又有了新的外遇對象，目前和新組的家庭也是一團亂，曉君覺得都是「性」惹出來的禍！的確，男人很容易被性趨力主導言行，「性」對男人看似一種享受，然而它也是生理和心理的枷鎖，每兩、三天需要紓解一次……

曉君沒有預期我會直接和她分享我對性的看法。因為女性的性需求和男性的不同，大部分的女性要先有愛，才會產生性需求，男性則通常是因為性，才衍生出愛，假如性需求不存在，愛很可能因而冷淡下來。（請注意：不要用性控制男人的愛，因為男人很容易因性需求的受挫而轉為暴力！）了解性，兩性之間才能有更好的互動，我們要教導我們的男孩不要被性主導了頭腦，教導我們的女孩，男人很容易被性困擾而侵犯女性，也不要因他是父親、兒子、兄弟、老師或宗教師而失去戒心。性騷擾和性侵犯的經驗會讓一個女孩終生受創，相對的，一個男孩很可能由於發洩一次性欲，終生都會受到有形和無形的懲罰。

「盧老師，你怎會了解這樣的深刻呢？」

解讀生命

這些不是來自於知識，而是來自於生命成長過程的解讀。一個男人的責任就是要懂得愛護自己和周遭的人，小心別讓性趨力，成為既傷人又傷己的刀子，並且與性這頭「野獸」和平共處，它需要在每一片刻都提高警覺。一個男人最重要的是不要口是心非，不要假借各種名義，讓「野獸」出了柵欄，所以，要謹慎的與異性互動，別讓自己陷入了容易失控的情境。我提醒曉君，我和她的前夫或其他男人都一樣，別因我是個講師、專家，就可以放鬆對我的戒心，我也有可能成為破壞我自己家庭幸福和別人幸福的「壞」男人！

因為其他同事都走了，最後只剩下我和曉君，我明白的告訴她，這時候，是一個負責任男人該說再見的時候，我的妻小正在等著我回家作晚餐呢！

心動力新視界

男人真的很壞嗎？我想應該不是，而是這些男人不懂控制自己的「性趨力」；但女人也要有自覺，別把責任全推給男人，如果妳不想誘惑男人，就和這些充滿性趨力的男人，保持安全的距離，避免讓自己陷入桃色危機中！

你可以決定你自己

夢想和希望是一個人最大的動力：找到自己的方向，一有經營理念，請馬上開始進行喔！

冠傑是我的好朋友，他有自我誇耀和自信過度的個性，他有陣子到中國工作，去過中國的人都知道「錢不好賺」，但他口中自己是個關係很好、很有辦法的人。由於相處久了，我心知肚明，也許他只是在某個公眾場合見過某位高幹，一到他口裡，就是「我和那位高幹很熟」。有一天一起聊天，他才說他的生意只是差強人意，勉強過得去，但開口閉口又是那套經營理論，許多朋友受不了冠傑那種愛吹牛的模樣，我的看法是：聊天，就別計較太多了。

最近他回到台灣，找不到工作只好做路邊攤，他很怕別人看不起他，只好自我調適的說：「錢賺夠了，閒著也是閒著，在家附近擺個攤子，消磨一下時間。」夫妻倆擺攤，大部分的事情都是他太太在做，他老愛和客人瞎扯，一聊就忘了自己該負責的工作。他太太有時會有些小抱怨，然而她往往都會從正向的角度思考。以前冠傑在中國，錢沒拿回來，人也不在身邊，現在雖然沒有錢，至少看得到人，比較輕鬆又有安全感。

可是有個更大的問題困擾著她，冠傑喜歡賭六合彩，一直期待中大獎，從此鹹魚翻身，把過去所有的晦氣全掃光。他每一期都信誓旦旦一定會中獎，常穿鑿附會於神蹟或託夢，幾乎每次都落空。有一次，他做了一個土地公來找他的夢，給了他一組號碼，他看到的四組號碼，沒想到竟然是開獎的號碼，讓他中了好幾十萬，這個「激勵」讓他從此更像個瘋子，每天看到什麼數字都聯想到六合彩，他無心好好工作，僅有的積蓄終於被他這樣敗光了！

有一天他太太來找我，希望我能勸勸他，我自覺沒這個能耐，不過朋友那麼多年了，我就約個時間找冠傑吃飯，順便和他聊聊。

有經營理念，請馬上實踐

「冠傑，聽說你要發了！」

一見面，我們就從他「神奇的那一次」開始閒聊，我問他如果那次六組號碼全中了，有好幾億，他會做些什麼？他告訴我他會買一棟台北市的豪宅，再把多餘的錢存起來，靠利息過生活，再拿這筆錢做往來兩岸的生意……他滔滔不絕的講，好像他真的中了六合彩，這個世界都是他的。

「中獎是有可能的事，有下注就有希望，但我的經驗是，連中三顆星都是件不容易的事，而且常常都只是中一、兩顆星，你有沒有仔細思考過，如果一直都沒中呢？」

「不會那麼倒楣……」

不是不會，大部分的人都是幸運一次，之後再也未和幸運之神交手；如果會中，簽一支就會中，不會中，簽再多也沒用。孩子需要一個勤奮工作又有責任的父親做榜樣，如果孩子未來也想靠六合彩度日，他會怎麼看待他們呢？

冠傑回到現實，他抱怨政府從未好好照顧台商，他在中國被坑被騙還求助無門，他今天會是這副光景，都是政府的錯。（我在想：他剛開始去中國是賺錢的，他也有輝煌風光過啊！）

過去的已不能改變，未來會不會中六合彩，也不可確定，現在他該怎麼做，才會讓未來穩賺不賠？如何讓自己的小攤子，成為未來發展的希望呢？以冠傑的好頭腦，只要他肯做，沒什麼不可能的事。「眾鳥在林，不如一鳥在手」，我很想知道他對於連鎖攤販的經營看法。果然冠傑提出一番見解，把他在中國各地吃過的麵餅和台灣的麵餅做了比較，提出他對市場的解析。

「你說了那麼多的經營理念，到底什麼時候要開始進行呢？」

其實我看得出來，過去沒有人問過他這類的問題，所以，他從未想要好好經營他的攤子，而我的問題引發他一連串的想法，他的眼睛因而亮了起來！

「我要馬上去做！」

飯才吃到一半，他起身就要走，我要他再待一會兒，把更詳細的規劃讓我知道，於是他借了紙和筆，把餅的做法依南北各地不同做了紙上分析，也把一個攤子可以現場做的量，做了系統規劃。他想做的是品牌、材料和器材的流通，他設計一套不易被複製和取代的流程。看起來的確頗有發展前景，然而最重要的關鍵在於，他要先有一家創始店。他接著很興奮的對我說，太太顧攤，他在家準備材料，當然他的手藝我有信心，因為他以前做過點心城的師傅，而且他要我明、後天到他家試吃他的產品。

「這次我一定要成功！」

我看他的樣子，知道我完成了他太太交付予我的任務，要他認真工作，別再玩六合彩的任務達成了。

從「做」中學習

隔天他太太打電話給我，問我跟冠傑說了哪些話。一大早，他就起床準備小攤子的前置作業，認真的態度讓她十分驚訝，他是不是吃錯藥了呢？我告訴她，不管他做什麼，就鼓勵他、肯定他，冠傑一定會很快的成為她期待的先生，努力工作。

冠傑這段期間不斷試驗，獨力研發出一種用烤的薄餅，香脆好吃又符合健康需求，他還綜合了中外吃餅的習慣，把餅的吃法分為許多種，可以包肉和生菜，也可以和肉串著吃，配合早、午、晚餐和點心時間又有不同的做法和吃法，他還搭配各種不同口味的濃湯，一推出生意就好得不得了！每天從早上賣到晚上，我吃過幾次，他的餅真的很獨特。他太太負責掌爐，他做後援，賣了幾個月，他很有成就感，每天的營業額都不錯，生意好到要請人幫忙。由於攤販的諸多不便，於是他在附近頂了一家店面，就這樣做起了他的「一餅吃天下」。他目前的困難是不能休息，一休息就會挨客人的抱怨。因為冠傑做的餅實在太好吃了，經濟又實惠，他計劃再開分店，逐步實現他的圓夢計畫！

他現在很忙，但和他講話真的舒服多了，不浮誇和臭屁，謙虛有禮，他太太每次都稱我是他家的恩人，把冠傑給點醒了，我則說他們才是我的恩人，我太太孩子愛吃餅，只要一通電話，好吃的餅就會準備好給我，都不用和別人排隊呢！

心動力新視界

朋友很好奇，我怎麼把冠傑從沉淪的世界拉回現實呢？其實沒什麼祕訣，男人總是充滿著夢想，有時只是一時迷失了，多多問他一些好的問題，他的答案就會像流水般的湧現——

「你滿意你的生活嗎？如果不滿意，要如何努力才能做好呢？」

「你如果是個可以完全決定自己未來的人，想做什麼事呢？」

「你要什麼？什麼是你真正想要的？你要如何得到呢？」

夢想和希望是一個人最大的動力，找到自己的方向，你也能像冠傑一樣充滿活力喔！

給自己學習成長的空間

凡事放輕鬆，沒有什麼事需要拼命以對，多給自己一點時間和空間，我們的人生就會更平順和如意。

玟婕是我幾年前輔導過的孩子，她當時才十五歲，是國三的學生，媽媽改嫁造成她很大的衝擊並且無法諒解。她離家出走結交不良友伴，故意做出一些讓媽媽難堪和傷心的事，我遇到她時，她已經是一個傷痕累累，充滿怨憤的人，她否定了一切，也拒絕任何人的協助。她長得很漂亮，五官分明，美麗的面孔和粗暴的言行，常會讓人錯愕，她一直靠著她的外貌，讓物質生活不致有問題，她的身邊總有一、兩個為了她，甘心做任何事的男孩，我還知道三十幾歲的已婚男士曾為她爭風吃醋。

玟婕心中不平是可以理解的，但她用自我毀滅的方式來報復她的媽媽，是我無法接受的；她的情況一直不穩定，從使用贓車到持有毒品，接二連三的犯罪，最後我只能依規定撤銷她的保護管束，她被收容在觀護所時，我特地去探望她，她原先那種尖銳、自以為是的言詞稍稍有了改善。

你想過怎樣的生活？

「妳需要一個安全的地方，等待自己長大；用健康和積極的心，去看待生命中的種種遭遇。」

我向她分析：這世界上有許多看似與我們有關，事實上我們卻不能決定和改變什麼的事，我們眼前能做的，就是藉各種學習的機會充實自己，那些不能改變的，我們只能欣然接受這一切安排。我希望她能珍惜被收容到輔育院的難得機會，思考自己這一生究竟對自己有什麼特別的期待，想過什麼樣的生活。

沒有人對她懷有敵意或怨恨，我相信每個人的內心都有一份善意，她對她媽媽也一樣；雖然她做了故意讓媽媽傷心的事，如果她不是那麼在乎媽媽，她又何必以傷害自己對媽媽抗議呢？媽媽的確有不夠好的地方，無法讓她擁有她期待的母愛，如果媽媽有錯，可以找適當時機讓媽媽了解她應該學習和改進的地方，而不是用傷害自己的方式來懲罰她，對別人的愛如果是用這種控制和報復的方式，最後受傷的還是自己。

我用她幾個男朋友做例子，最愛她的是個子小、滿臉青春痘的小銘，每次我看到他，心裡總有許多不忍，玟婕一點都不喜歡他，只是利用他的愛，大大小小的事都差遣他做，這次玟捷被收容，小銘前後來找我好多次，希望我能再給玟婕一次機會，並託我問候和照顧玟婕，那份至情令人感動，但玟婕聽到小銘的名字，臉就別到一邊，露出不屑一顧的樣子。玟婕有權利不喜歡小銘，但無論如何一定要真誠對待他；可以不用和他當情人，但一定要把他當成朋友。

「現在看到他那張臉，我就想吐，要我怎麼和他當朋友呢？」

玟婕告訴我，她利用小銘是因為她可憐他，如果不給他一點機會，他就像蒼蠅在她身邊繞來繞去，很令人厭煩，給他一點事做，他會比較舒服一些。可是她叫小銘做的事，很像是在惡整他。例如，她要小銘為她摺一千個紙星星祈願，小銘真的做了而且裝在一個大袋子裡，請我轉交給玟婕；她要小銘帶她去跨年，自己卻和其他人先去了，小銘一個人在她家樓下等了一個晚上，早上她回到家才看見他蹲在樓梯口，玟婕居然沒有任何的感動，還大發脾氣的羞辱小銘。如果玟婕真的不喜歡小銘，就應該更謹慎的處理彼此之間的互動，而不能如此草率行事。

我再以此分析她和媽媽的關係，她可以不喜歡、不愛她的媽媽，可是沒有必要故意讓媽媽痛苦難堪，因為媽媽畢竟是媽媽，她上法庭、被收容，唯一能來探望她的也只有她的媽媽。

送自己一份特別的禮物

母女剛開始會面時，玫婕會向媽媽表達悔意，媽媽也會向女兒致歉，感覺上母女就要因此和解，然而這種溫馨的畫面，通常只短暫上演，母女總習慣見好就收，不一會兒便開始倒垃圾和翻舊帳，讓彼此感覺不舒服，離開之後才又懊悔不已。玫婕不一定要喜歡媽媽、要愛媽媽，至少應該學會當一個聽話懂事的女孩，就算是表演也罷。處理人際關係、兩性關係時，遇到不投緣的人，就盡可能的和顏悅色，做一個善解人意、給別人鼓勵和肯定的朋友。

玫婕把這些話聽了進去，在輔育院大約兩年的時間，她學習美容美髮等技能，也通過丙等的檢定考試，出了輔育院之後，就到一家知名的連鎖店接受訓練，從洗頭到做設計，她愈學愈有興趣。她的個性已有很大轉變，從前好惡分明，可以為好朋友做任何事，過度的熱情和義氣曾讓她受了許多傷；面對她討厭的人，她會想要對方在她眼前消失，處處用極端的方式表達自己的情緒。現在的她清楚知道，再喜歡的人，過一陣子可能感覺就會淡了，不喜歡的人，未來也有可能改變看法。凡事都順其自然，做任何事都給自己留點餘地，用心對待任何人，如果目前做不到，就試著用我的建議，讓自己練習「表演」朋友的劇本，在工作上不僅會適應得很好，處理感情也會更成熟。

有一天玟婕來找我，身旁跟著一位看起來有點面熟的帥氣男孩，後來才知道他就是小銘，身高一百七十五公分，白白淨淨又充滿自信，他為了玟婕改讀美容美髮科，和玟婕進同一家店，現在不僅是同事也是情人，他們共同的目標就是要合力開一家自己的店然後再考慮婚姻大事，如今夢想實現了，他們特地來找我，希望我能做他們開幕當天的貴賓，我欣然答應，而且決定送給他們一份特別的禮物！

心動力新視界

人是會改變的！親子、夫妻、同事、朋友之間，都會有許多的互動經驗，當下我們可能會被一時扭轉不過來的情緒所困惑，造成我們和對方勢不兩立，非要一決高下、一拚死活不可。

玟婕的成長故事給了我寶貴的經驗：凡事放輕鬆，沒有什麼事需要我們拚命以對，尤其是遇到那些我們不喜歡的人和事，找一個好的劇本，演一個臨時的朋友，多給自己一點時間和空間學習和成長，我們的人生就會更平順和如意喔！

勇於學習和嘗試

我們要挖一口屬於自己的井，讓自己的人生有更多的選擇和適合生存的空間；人的生命有無限可能，任何的學習機會都不要放過喔！

我有一位從事行銷工作的朋友，他告訴我他快活不下去了，每天都不停的宣傳和推銷，生意卻很難成交。他賣的是一種特殊鍋具，而且用很傳統的方式在街頭叫賣，雖然有人停下來看他表演，但買的人卻少之又少。

他在描述時，我可以馬上想像他流利而風趣的宣傳畫面，那是在許多百貨公司都能見到的推銷模式。我建議他，賣不好的原因，可能是這種方式大家見多了，為什麼不換種方式，讓圍觀的人親自試試看呢？試煎魚就送魚，試煎雞蛋就送雞蛋，讓顧客試一試，煎餅用鍋子翻面，成功者就給小禮物，如果他的鍋子真的很棒，使用的人立刻就能體會到，而且幫他做見證，這樣才更具說服力。

我用過他的鍋子，確實很不錯，把麥芽糖放到煎鍋上，也不會黏鍋。他對我的建議有點半信半疑，沒想到隔天他採用了我的方式，生意馬上就好轉起來。可是他的東西比較貴，大部分的人會買不下手，我建議他何不把價格的劣勢，轉為競爭的優勢，明白告訴顧客，他的鍋子確實貴了一些，但買鍋子是買品質、健康和實用，花多一點的錢，可以買回更有保障的品質。我再建議他讓顧客自己拿鐵刷子用力刷刷看，或拿尖鏟刮刮看，他的鍋子品質若經得起考驗，就會做出口碑。

我這位朋友以為我也賣過鍋子，事實上，我是從陪我太太買鞋和買衣服的過程中學習到——店員總不厭其煩的要我們試穿，衣服和鞋子不試怎會知道它們是不是適合我們呢？我常希望我輔導的個案和認識的朋友，趁年輕多多嘗試，做不同行業的工作，或許能從中發現天賦和創意潛能。

我的小妹，小時候動作慢，反應都跟不上別人，但她就是喜歡嘗試各種不同的工作，她是我們家六個小孩中，做過最多行業的人，陸續做過飾品攤、成衣店、鞋店、公務人員，最後才實現目前的工作，早餐店兼陶鍋店。她的工作會穩定下來，很重要的原因是，這兩家店所賣的東西都是她自己原創的，她是店鋪附近帶領飲食流行的先驅。剛開始她很困擾，因為研發出來的新口味，沒多久就被模仿，可是她後來發現，這些模仿者都只做到表面工夫，完整的製作過程一知半解，而且他們愈模仿，她就變化出愈多的花樣，每個月都有新口味和新產品；早餐店裡賣的產品，換個搭配方式，也能成為午餐和晚餐。有一天，我就問她怎麼不再換工作，她告訴我她每個月換新口味，就接受新的挑戰，好像就是換一個新工作。

請勇敢嘗試

沒有人在還未嘗試工作之前，就知道自己適合什麼。大部分的行業都有試用期，以了解這份工作是否適合你，你是否適合這個行業。我有許多朋友，都是退休或中年換跑道，才找到自己適合的工作。

其中一位朋友，退休後和太太一起做麵食，他們的牛肉麵和餡餅，遠近馳名。他們唯一的兒子，讀的是資訊工程領域，在高科技公司上了一陣子的班，便很想辭去工作，和父母一起做麵食，他們剛開始堅決反對，因為這是高度勞力的工作，年輕人應該去做更有發展的事，後來決定先讓孩子在假日做做看，沒想到孩子一做就上癮了，他把麵食加上他的高科技知識，做成網路宅配，買家可以利用家中的電鍋和微波爐，產品加熱後就和店裡吃到的東西一模一樣，他也和附近的便利商店合作，把招牌產品放在便利商店流通。他們的孩子如此有興趣，是因為他覺得人生最大的享受，就是吃到一碗不油、不膩、入口即化的牛肉，再配上

「QQ有勁」的麵條。

我還有一個朋友，家裡做的是傳統膠鞋的製造和批發，因時代變遷，生意愈來愈差，還有誰會穿塑膠鞋呢？他學設計的孩子，竟告訴他，要和他做一樣的工作，他自己都快要轉業了，孩子又想加入，生意做不起來又該怎麼辦呢？他的轉機來自前陣子流行的「布希」鞋，他從未想過塑膠鞋也能創造出大流行，他的孩子利用這類鞋子的優點，設計出各種舒適又好穿的塑膠鞋，他相信好穿又便宜，顏色花樣多的鞋子，一定會帶動另一波的流行。

我常拿這些例子鼓勵我輔導的孩子要「勇敢的嘗試」，當我們對事情提不起勁又做不來時，何不優先檢討自己的工作心態是否正確，如果是，很可能我們還未找到適合我們的工作。我常用以下的故事，鼓勵他們多多充實自己的第二專長和興趣：從前有兩個和尚，各住在河的兩岸，他們要各自下山取水，幾年後的某一天，甲和尚發現對面的乙和尚不再到河裡挑水，擔心他是不是病了，就過河來探視他，乙和尚不但沒生病，還很悠閒的讀著書。他告訴甲和尚，他每天挑水之餘，便利用時間在寺廟的後方挖井，經過好幾年的努力，他的井已經挖得到水，所以不用再到河邊挑水。

這個故事給了我很大的啟示：我們要全力以赴的從工作中學習，並自我提升，更重要的是，我們要在專業領域和職涯上，挖一口屬於自己的井，讓自己的人生有更多的選擇和適合生存的空間，就像八爪章魚一般，培養自己主要的專長，但也不忽略其他自己有興趣的部分，因為這些能力有可能在未來會成為我們人生發展上的助力喔！

心動力新視界

你的主要專長是什麼，你的優勢又在哪裡呢？至少要可以讓自己在這個世界上，取得一席之地、謀生無虞的專業能力！除此之外，別輕易就放棄了自己真正想做或有興趣做的事！人的生命有無限可能，我們為什麼只要求達到其中一小部分而已呢？任何的學習機會，在不影響主業的情況下，可以多詢問多了解。

勇敢的去嘗試吧！有一天，說不定我也會賣起鍋子、鞋子、衣服，甚至有可能會和我妹妹一起賣早餐喔！

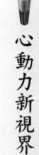

愛是最有價值的通路

做得愈多、付出愈多，學習成長機會就愈多。把對人的一份貼心和關懷傳播出去，你未來將會得到許多不斷服務他人的機會。

最近我讀了一本好書，是摩頓森和瑞林合著的《三杯茶》，書中寫著當摩頓森在一九九三年攀登世界第二高峰K2峰時，來自嚮導的三杯熱茶，使他不致凍死在群山之間，而當他迷路時，巴基斯坦北部的村民，也用當地非常珍貴的糖煮出了甜茶，讓他恢復力氣；因為這三杯茶，讓陌生人成為朋友，他為了感恩，發願為巴基斯坦建立學校，十二年間，他募款陸續蓋了六十所學校。這個故事讓我由衷的感動，人與人之間會因政治立場的不同而敵對，但我相信人與人之間都充滿著愛與善念，我們善心播下多少愛的種子，它就會滋長多少愛的果實（種子會再生出多少種子，是難以估計的）。用珍惜和報恩的心，盡我們所能的服務別人，讓愛像湧泉般的生生不息。

我的人生很幸運，每一個成長階段總有貴人協助我學習成長，他們對我的關心和照顧，我總感念在心，希望有朝一日也能有所報答，而最好的報答，就是在任何時候竭盡所能的幫助別人。我每天都有接到求助電話的機會，以及遇到有困難需要我幫忙的人，我陪著一群迷途的孩子成長，就是為過去曾經幫助過我的人的最好回報；而且我認為這是我的工作，這是我該做的事，做得愈多、付出愈多，我學習成長機會就愈多。

有人很難理解，以我一個公務員背景，何以能在各種不同的行業和各種不同的階層演講？因為我總帶著一顆學習的好奇心在生活，所以，我習慣涉及不同領域的人事物；我可能真的不懂科技業是什麼，或行銷業有什麼決勝訣竅，但我多年的輔導經驗，讓我知道人的要求真的不多，不僅科技來自人性需求，行銷和服務也都來自同樣需求。每個人都期待被人看重和真誠對待，我們付出的關心與愛，彷彿就種下一顆顆希望的種子，就像摩頓森和瑞林因三杯茶的溫暖，而回報給巴基斯坦人所建造的學校。類似三杯茶的溫暖常有，可是一般人常視之為理所當然，或許會回報一些小禮物，以摩頓森和瑞林那樣回報六十間學校的大禮，可不是每個人都做得到的喔！

從互助與關懷出發

雅云是我一位做保險工作的朋友，我分享這樣的故事給她，如果她是送三杯茶給顧客的人，我相信她會得到更多。靠傳統推銷手法而贏得顧客的時代已經過去了，她聽了這個故事，改變她過去的行銷策略，散播《三杯茶》的內涵與寓意，因為她也覺得值得和大家一起分享。有次她原本順路要去拜訪一位客戶，而這位客戶正好不在，只剩下年老行動不便的老媽媽在家，她就花一點時間陪這位老人家聊聊天，原本想介紹她買醫療保險，但雅云發現她的孩子早有規劃，因而和這位老人家聊天聊了一個多小時，離開時老人家希望雅云常去看她，此後，只要有空，她就會買點水果或小點心探望老人家。她其實仍想多做一些她家人的業績，怎知不久之後，老人家就去世了，而她的努力似乎全都白費了，可是她沒這麼想，因為她陪這位老人家聊天，讓她學到許多不同的人生故事，也更加了解自己的母親，所以，她帶著感恩的心送花和奠儀給老人家表達心意，沒想到因此和她的兒女有了更多的接觸與認識，從此像家人一般的經常往來。

雅云告訴我，她工作十餘年，接過的最大案件，就是這一整個家族的保險，她為了感念這位老人家，特別把得到的部分酬勞，以老人家的名義捐給附近小學作為貧困學童的午餐費用，這不僅感動了這一家人，也感動了學校老師和家長會委員，她更發願因這位老人家的因緣，之後所得的部分報酬，仍要以老人家的名義捐助給學校。

幾年下來，她從業務主任一路升到副總的位置，她沒有因這位老太太賺到更多錢，然而客戶卻一個接著一個的主動找上門，她的業績從此一路長紅。她不明白是不是老太太在天庇佑她呢？收入多少對雅云而言已不重要，看到獲得幫助的孩子，他們臉上洋溢的那份感恩喜悅笑容，她已經很滿足了！

最近雅云組織了她的同事和朋友，向社會局報名擔任長期居家關懷的義工，許多人以為她要複製她的成功經驗，其實她想的是，工作可偶爾有點不一樣的形式，讓每一個人的愛都能傳播出去，保險本身就是具有互助和彼此關懷的本質，為什麼這份工作不能回歸原來的角色呢？剛開始有人會懷疑她是假慈善之名，做業務行銷之實；雅云並不否認兩者的關聯，因為推銷保單是他們的工作，只是他們換一個型態來工作，以愛心服務為基礎，關心需要關心的人，藉著把愛傳出去的過程，讓需要保險的人，也能因保險而獲益，自己的工作還得到保障，這有什麼不好呢？

雅云的公司也因此成立了慈善基金會，因為保險工作是一種服務他人的行業，他們以實際行動，服務需要服務的人，過程中從不主動提起保險業務的事宜，因為有人有需要自然會找他們。這樣的優質服務，我相信再過幾年，其他保險公司若要和他們在這個領域競爭，恐怕會很困難喔！

心動力新視界

不管你現在做的是什麼工作，在過程之中，把我們對人的一份貼心和關懷傳播出去，我相信這樣的產品或服務是最具競爭優勢的。我很不認同那些以金錢和商業利益為優先的商家，任何一個消費者對自己的荷包都是敏銳的，你若只看重金錢，而不提供貼心的服務和關心給顧客，顧客考量的就是價格而已，你只能賺到勞力過程的差額，如果你提供的是以顧客為中心的服務，你得到的將會是顧客忠誠和未來不斷服務的機會。

愛是最重要的通路，它可以提升商品的價值，同樣的，你也有機會得到別人高品質的服務喔！

由自己決定的薪水

我們要清楚自己真正需要的是什麼，只要投入夠多、時間夠久，自然就可以在付出的領域得到我們所要的一切！

我和匯樺在網路上認識，經常通信因而成為了無所不談的朋友，他最近工作情況不太穩定，有天我問他為什麼又換工作，他明白的告訴我那份工作不夠好，我問什麼樣的工作才算是好工作呢？

「一天工作四小時，工作時間可以自己決定，工作內容也可以自己決定，除了週休二日，薪水不得少於三萬元，每年都有一個月的年假，並由公司出錢讓我去旅遊。」

我告訴他，我知道哪裡有這樣的工作，一天工作兩小時，一週休息三天，工作時間地點由他決定，年休兩個月由公司全額贊助他出國旅遊，月薪六萬元，每天吃住五星級的飯店，不知他有沒有興趣。

「老師，你在開玩笑！」

「當然，你剛剛不也是在開玩笑？」

其實以匯樺的條件，在我的認知裡，找個好工作有什麼困難呢？但我想問的是，他要求這麼高，他又該奉獻什麼能力技術在工作之中呢？如果他是個真有本事的人，他要什麼條件的工作，應該都可以得到。

不要只以薪水衡量工作

我周遭就有一堆「SOHO族」的朋友，睡覺睡到自然醒，在電腦桌前接案子，剛開始他們真是得意，也讓我們這些上班族羨慕不已，後來再遇到他們，個個一臉疲態。他們告訴我，不用上班，很自由，但沒上班就等於沒下班，整天幾乎都在想著「工作、工作、工作」，雖然自己可以安排自己的時間，假如想賺到足夠的錢，就會一點自由也沒有，因為幾乎每天都必須超時超量工作，所以，幾乎所有的人都回到一般的公司上班或和朋友合組公司。正常上下班的工作，才有穩定的收入和規律的時間。

很多人羨慕一些退休之後領雙薪的人，除了退休金之外，他們還有演講費、版稅、專利授權費、顧問諮詢費、出席費等等額外收入；為什麼這些人可以有這麼多種不同的收入，而你只有一種呢？其中的重要關鍵是，你有什麼樣的才能可以奉獻給這個社會呢？如果你只有時間、體力或勞力，當然你只能用固定的時間去換取一份固定的薪水；如果你擁有的除了時間之外，還有與眾不同的腦袋，你可以得到的就不只是一份薪水。當然這個社會有人只領一份薪水，但這份薪水比別人的好幾份薪水加總都要多上更多；也有人是不領薪水的，而他的年所得，可能是大部分人的好幾千或好幾萬倍。

一個人的成就，不是只以薪水衡量，例如，美國總統年薪是七百五十萬台幣，他握有的權力和影響力是金錢所不能比擬的，許多的科學家、學者、作家、藝術家、慈善工作者、義工，他們的生命價值更非薪水可以評估，當然，我仍要再問匯樺一次：

「你想要做什麼工作？只是一份薪水，還是要更多呢？」

看重並鍛鍊自己的工作能力

你有能力可以要得更多，只要你想要，而且必須馬上開始行動，得到一份能滿足自己食衣住行育樂的所有需求，外加心靈滿足的自由。因為你從來不要，所以你一直得不到，就只為一份薪水消耗掉生命的所有嗎？你或許會說，我不能沒有薪水，所以我要工作，如果有了一份薪水，你還可以要更多呢？

「詳列出你要的一切，再問自己如何得到。」

匯樺滿臉無奈，他問我有沒有什麼都不做，要什麼就能得到什麼的工作呢？

「當然有囉！我這次可不是開玩笑的。」

安養中心的植物人，他們什麼都不用做，自然有人會餵食和按摩（這當然不是滙樺想要的），我再舉目前最流行的尼特族（不工作不讀書，整天窩在電腦前）或蜷居族（足不出戶，由父母供養），這些人年紀輕輕就不想工作，似乎理所當然，沒什麼不可以！

「這是你期待的生活嗎？」

我用E-mail訪問過這些人，他們已經無思考的能力，給我的回應千篇一律就是「煩！」，然後用一堆他自己都搞不清楚的「火星文」回應我。

「我們既然選擇了自己的路，也該為自己的一切行為負責！」

我們愈是怕付出，我們得到的就愈少，而且未來還要付出更多，來彌補自己從前的吝於付出。勇於承擔，而且要樂於付出和服務別人，就像滙樺在網路上詢問我的一些問題；我可以不予理會，但我很珍惜和感恩他對我的看重，願意給我機會和他分享一些不一樣的看法。服務別人看起來像在付出，然而我們不也同時在學習自我提升嗎？練習用一種愉悅的心情去接受所有服務的機會，如果沒有時間上的緊迫和衝突，我還期待能做更多和付出更多。

「難怪你有那麼多收入……」

匯樺滿腦子都是「錢」。如果他想要賺源源不絕的金錢，就要從現在開始學習如何付出和服務別人；付出愈多，服務愈深入和貼心，再問問自己能為別人做些什麼，因為做愈多，我們才能得到更多。

匯樺一陣沉默。我知道我服務到他了，期望他也能用心去服務給他機會的人。

心動力新視界

天底下沒有白吃的午餐，更沒有白拿的薪水，我們要清楚自己真正需要的是什麼？不用擔心我們的付出會不會白白浪費，只要投入夠多、時間夠久，自然就可以在我們付出的領域得到我們所要的一切！

Chapter 4

心動力新生活

我常去企業給員工做在職訓練，被要求上最多的主題是潛能激勵，可是主管卻告訴我每次上課後，員工只有一、兩週的熱度。我可以理解，一個人若不想工作、不喜歡工作，再怎麼激勵，效果都是有限的。

「誰會喜歡工作？老闆都不喜歡工作，更別說是員工了。」一個人為了薪水，勉強工作是多麼可惜的一件事，工作是學習、是成長，要充滿了樂趣才對啊！

又有人說：「每天的工作都做不完，整天被迫著要績效，誰快樂得起來。」不快樂，事情也要做，但我們可以調整一下我們的想法：「我願意、我喜歡工作、我喜歡工作的所有一切，被責罵也是學習，被壓到喘不過氣也是一種滋味！」人生會因你的想法改變而改變，你才會有不同的工作新動力。

把自己的位置放對

每個位置的人都能被重視，能被賞識、肯定、重用，他的潛能才能發揮出來，事情才會變得簡單和容易。

許多人都和我有相同的感覺，做事比較容易，做人要圓滿是很難的事，尤其是身為主管和老闆，看似握有部屬和員工的生殺大權，但要面對的煩惱事可不比別人少呢！領導和溝通不是門學問，它是門藝術，其中巧妙隨人的天分發揮，我沒有那麼大的本事，來和大家談這麼大的主題，我只想和大家分享，老闆和主管怎樣把自己放對位置，讓事情變得簡單和容易許多。人與人之間的互動是很微妙的，你若企圖控制對方，對方也會使勁要把你控制在手上，如果我們讓對方參與工作內容，並給予高度的信任和尊重，就可以彼此拉近距離成為一體。少了對抗，自然我們的工作就有效率，更重要的是，我們要謹慎使用權力，用學習的心去看待我們的角色和職務。我們不需要用高壓的方式來教導或領導部屬，而是要一起學習和成長。

放對位置，增進效率

彥弘是我的朋友，經營運動器材進出口的老闆兼總經理，他有兩位得力助手，一位是名校的留學碩士，一位只有專科畢業，我們喜歡游泳，所以常會在泳池見面，他很信賴這兩個人，因為他們都有自己獨特的專業；彥弘有一天問我，這兩個人他會比較賞識誰呢？（我怎麼會知道呢？不過我可以確定和學歷無關，一定和他們的工作態度有關。）

留學回國的碩士學歷助手，仗著自己出過國，語文流利，公司對外大小事都必須仰賴他，因此他覺得自己是公司最重要的人，只要時機成熟，他就會自立門戶，而且只要他一離職，公司很快就會垮了。另一位專科畢業的助手，覺得自己學歷不高，倘若離開公司，便很難再找到這麼好的工作，所以凡事都謙卑的請益學習，交代他的事情都會再三斟酌，深怕遺漏什麼。彥弘通常會放心的把事情交代給專科畢業的助手，唯獨他的語文能力差了些。彥弘很苦惱，因為他常要往國外跑，公司的大小事都由這兩位助手負責，只要他一離開，這位碩士助手就會自忖為公司的負責人，不聽別人的意見，淨出些亂點子，他問我該怎麼辦呢？

「你用什麼職稱應對他們呢？」

「兩個都是副總，一個是第一副總，另一是第二副總。」

當然，總經理不在，副總就是公司代理人，但彥弘只把他們當成自己的左右副手，而非期待他們能代替他獨當一面；我建議把他們的職稱改為「特別助理」或「執行祕書兼副總」，因為公司是以彥弘為首，有人為他分憂解勞，讓他有更多時間做自己該做的事，這樣不是更有效率嗎？

良好的管理制度，創造加倍價值

他問我，頭銜為什麼那麼重要？我回答，加之在姓名上的頭銜，常會讓人迷失自己，一個掌握有權力的人，要謹慎避免讓權力的粗暴傷害了人際關係；一個擁有財富的人，也一定要善用它，別成為金錢的奴隸。我誠懇建議我的好朋友彥弘，不要因付出一份高薪，就想買到一個人的忠誠，員工之所以會全力以赴，薪水只是少部分因素，絕大部分是繫於情感之上。如果公司只是彥弘一個人的，他一定會很辛苦，公司如果是員工大家的，他才能得到員工真正的尊重和信賴。

經營一間公司千頭萬緒非常辛苦，目的無非是希望公司賺錢，讓每個人知道努力就會有相對的報酬，才能激發每個人的潛能。我建議彥弘，在公司凡事多聽少說，多多讓員工提出自己的意見，他們才會在意見交流中全力以赴；公司負責人是什麼態度，他的公司就會形成什麼樣的文化，員工喜歡工作，工作才會有效能，一個人能被賞識、肯定、重用，他的潛能才能發揮出來。辦公室是否能營造出正向積極且充滿喜樂的氣氛，老闆的態度決定一切，所以我問彥弘：「你要把自己定位成怎樣的總經理呢？」

「當然是做一個有魄力的總經理。」

彥弘解釋「有魄力」是果斷有執行力，我則明確指出彥弘要的是效率，而工作效率來自於工作者的意願，如果我們身為員工，怎樣才會有高度的熱忱和企圖心，來把工作做到最好呢？

「是管理方面嗎？」

企業需要良好的管理制度，讓每個位置的人都能被重視，像他那兩位左右手，其實要的都不多，一個希望自己能有更大的價值和發揮空間，一個希望自己能穩定的發展，只要多給予肯定，讓兩個人都看見公司對他們的需要，而且必須相互合作，齊心為公司努力，才能創造更高的效益。

「這麼說，我可能是問題的核心囉！」

這是當然的，什麼樣的老闆帶出什麼樣的員工，我們聊了很久，彼此點頭微笑後，就各自游泳去了。

心動力新生活

我們要了解，什麼樣的定位才會讓工作充滿活力，而且要常常思考「我是誰？我怎樣可以把工作做得更好？」，可別老是問自己該怎樣才可以加薪和升遷；請試著改變想法，只要把工作做得好，該屬於你的，它自然就會到來。

學習做第一流的人才

保持謙卑的心，持續不斷的精進學習，並勇於挑戰自己的弱點，才可以在高手如雲的世界，取得一席立足空間。

我很喜歡小時候看過的一部日本武俠片，其中的一段對話很有意思：有一個武功高強的武士，他的武士刀比一般人的武士刀來得短且小，有人問他：「刀短一分危險就多一分，你的刀如此的短，不是很危險嗎？」他說：「就是因為這樣，我的動作要比對手快一分，要更專注的訓練自己的操刀技巧。」他接著說了一段讓我難忘的話：「一流的武士靠的是『心』，不是刀劍，否則只要比刀劍好壞就好了，還用比功夫嗎？」每次比武，對方的刀還沒碰到他，他的刀就劃過對方的腰，把對方一刀解決了。

當然這是神話般的電影，然而在現實職場中，學歷就是刀劍，有好的刀劍當然容易獲勝，但最後的勝負靠的是實力，而不是學歷。實力是什麼呢？是一刀讓對方斃命的本事嗎？我覺得實力應該是一種求勝態度，當然不是只求一時的勝利，而是持續勝利的積極態度，是一份永遠認為自己處於劣勢的謙卑學習態度。

態度決定生命的廣度

在知識爆炸的年代裡，每一個人的所知都很有限，職位高或低不是關鍵，我們不可因為亮麗頭銜或良好學歷而洋洋得意。今日的知識，可能明日就會一無是處，保持謙卑的心，持續不斷的向人和事學習，並勇於挑戰自己的弱點，精進學習，才可以在高手如雲的世界，取得一席立足空間。

如果有了磨練和提升自己的決心，全力以赴並且毫無疑慮的投入其中，往往會讓劣勢的遭遇有所轉向！企圖心是達成目標的重要關鍵，一個人會不會有成就，在於他是否願意去做別人不願做的事；用心把事情做好，未必會被賞識、重用，甚至加薪（尤其在公務機關，升遷或考績未必和努力與否有關），若只憑主管的喜好，我們會質疑自己為何而做呢？這也曾是我的心結，常被不入流的主管，影響到我的工作士氣，後來我自覺工作的努力並不是為了主管的賞識，而是為了自己的意願和喜歡，而且二十餘年來，我沒有要求任何的升遷，都待在第一線做直接服務，考績也常乙等，但我工作愉快，把事情做好當成是自己的責任，挑戰艱鉅困難的任務，也給自己的職涯留下美好的記憶。

我的態度決定了我的生命廣度，一個公務人員能到各個不同的機構和企業，對中高階人員或現場人員宣導正向積極的價值和態度，分享壓力、情緒管理、人際互動和工作效能等等主題，確實是件不容易的事。努力和用心可以改變我們生命的態度和習慣，珍惜和感恩會讓工作產生不一樣的品質，在我的想法裡，有一份薪水已經是上天的恩典，若我能因工作而有不同的成長機會，我一定會更加珍惜和感恩，並用心學習。

所以，可別輕易放棄對自己的努力，所有的努力都是一項生命投資！動人的故事，若只是想像出來的，它只會是美麗的泡沫，如果我們堅持持續不斷的用心努力，這些故事才會實現，成為我們生命中最重要的資產。投資自己不是「眼高手低」，而是很踏實的把手上的工作做到最完美。我也把這樣的工作態度分享給我輔導的孩子和周遭的朋友，生命可以是有限的服務和付出，也可以是無限的分享和擁有，關鍵全在於我們的態度。

姍婷的省悟

有一天，我也把這樣的想法，分享給我輔導的個案姍婷。姍婷讀的是普通的技術學院，老師和同學都很「混」，她也覺得讀書只為那張文憑，一點意思都沒有，所以想要休學。我勸導她，困難的環境最能考驗一個人向學的決心和意志力，即使是三流的技術學院，也會有第一流的人才。老師會因學生的學習態度決定教學內容與品質，如果多一些認真的學生，相信一定會激發老師的教學熱忱，而她身處學習氣氛欠佳的環境，只要稍微用心，一定可以鶴立雞群，得到更多的掌聲和重視。

姍婷學的是商品設計，她聽了我的話，便開始主動學習，果然感染了周遭的學習氣氛，學校特別為這個班級舉辦一個商品設計的發表會，當然，要呈現出成熟作品是不容易的，但她的努力卻引起許多的關注，後來姍婷不僅沒休學，很多課程她愈上愈有興趣，寒暑假都主動邀請老師和同學，把系辦和部分教室經由創意設計，展現出完全不同的風貌，而且學校採用他們的設計作為招生海報，她更覺得十分驕傲，畢業後也留在學校擔任助教。她回想當初我對她說的話：「命運由自己的態度決定，與其抱怨環境，不如創造環境。」她在學校付出了那麼多心力，也確實讓她贏得了一份助教的工作，然而姍婷卻告訴我，她不只贏得一份工作，還贏得人生的方向和希望，「只要堅持努力，我們要什麼就會得到什麼！」

宇翔的轉變

另一個孩子，宇翔，國中畢業後未再升學，隨父親做水泥工，他剛開始也用一般的態度從事他的工作，每天只賺取固定工資。

有次我約了他見面，對談之中我鼓勵他要做就做個一流水泥工，他反問我，以台灣的環境，一流水泥工的日薪會有多少？的確，目前市場上少有人會在意技術，這個行業幾乎都是「均一價」，但我告訴宇翔，趁年輕多學多做，雖然每一個水泥師傅都會砌磚，但要砌出像過去水泥師傅的水準，已經沒有幾個人能夠達到。

他剛開始不覺得我說的話有什麼參考價值，有次我陪他一起工作，我對他分析從拌料到砌磚，每一個過程其實都有許多學問，然而現在只要把材料倒到機器裡就會做出半成品，砌磚也有輔助工具，需要的紮實工夫已經愈來愈少，後來我介紹他認識專門修繕古蹟的師傅，看了那些傳統師傅的工作流程，他更是為之氣結——老師傅動作精細，可是進度緩慢，工資也沒比他多多少，他反問我，用心能得到什麼？

「用心能得到生命的廣度和深度，用心會讓自己隨時都準備好，只要機會來臨，就能找出自己的路。」

這些話一開始並沒有打動宇翔，他認為現實最重要，一天拿多少工資在手上，工作能不能接續才實際。不久之後，他有機會和一位從事高級住宅裝潢的設計師，配合改裝工程，他被批評得一無是處，工作還未完成就被退件。他很生氣，設計師太驕傲，他不賺這樣的錢總可以吧！而我卻覺得這是一個改變自己和提升自己的大好機會。

「跟對一流的師傅，你就會是一流的人才，我希望你給自己的未來一次機會，去跟第一流的水泥師傅學習。」

他真的這樣做了，放下他原來學到的技術，重新做學徒，跟著技術專精的老師傅學習，才能了解技術真的是永遠學不完，一流和三流的差別就在於用心與否，因為完美的境界是永無止境的。他的努力被一位設計師看上了，特別派他到日本進修技術，他終於有機會見識到什麼叫做真正的專家。

他在日本六個月，連睡覺都捨不得睡，日本的技術人員是多麼看重自己的工作，把顧客的委託視為終生難得的榮耀，全力以赴的在完美中追求更完美。他待的進修團隊，那時候正在進行日本頂級客戶豪華住宅的工程，他無法等到完工，六個月後便帶著一身手藝返國，回到台灣，那位設計師所承包的工程，也都是檯面上赫赫有名的高級住宅和辦公室。

我開玩笑的問他：「現在一天的工資還像以前一樣嗎？」

「我留過學，受過專業訓練的人，工程不能隨便接。」

宇翔的得意寫在臉上，誰說「做工的」不能闖出自己的一片天呢？

心動力新生活

給自己一次成功的機會，不論你在什麼樣的位置，做什麼樣的事，因我們的主動、積極和用心，世界會因我們而改變。給自己一次機會，做第一流的人才喔！

還要預告失敗嗎？

不要預設成敗結果，沒有什麼是真正的輸贏：完成每一件挑戰和任務的人都是贏家，那些一直只說不做的人，才是輸家。

行為法則有一條：「我們遲早都會碰到自己預料中的事情。」

我輔導的孩子和他們的父母幾乎都有類似的情形，他們都習慣「預告失敗」，每件事還沒做之前，說法都很類似——「不可能！」、「做不到！」、「一定會失敗！」，而我問他們最想得到什麼結果：

「當然是成功囉！」

「想要成功，你就要先預告自己會成功！」我說。

「不可能！一定會失敗！」

他們最得意的事，就是來告訴我，我猜錯了，他們最後終究是失敗的！

我有段時間很想離開輔導工作領域，因為這些人的信念和習慣是如此難以扭轉。而當我心中出現這個念頭，便馬上驚覺自己似乎也在「預告失敗」；我是個輔導工作者，如果連我自己都無法保持熱忱和信心，如何能幫助他們呢？

我要帶領他們參加一項活動，並換個方式來引導問題——我用「特別的經驗」來代替成功或失敗的字眼，不管結果如何，我們都有一個特別的經驗。成功是很特別，失敗也很特別，不要預設輸贏的結果，因為有贏就有輸，沒有什麼是真正的輸贏，完成每一件挑戰和任務的人都是贏家，那些一直說做不到，不肯參加的人才是輸家。

中年失業的新可能

建麟是我輔導個案的父親，四十多歲時因公司裁員而失了業，他憂心忡忡的告訴我，中年失業很難再找到工作，我告訴他，許多企業反而會喜歡聘用中年人，因為他有足夠做錯事的經驗，公司不會投資不必要的成本。之後他陸續面試了幾家公司，但都未獲青睞，他有些生氣的指責我在欺騙他，我告訴他，適合他的好工作及讓他珍惜的工作，通常會在嘗試許多失敗之後才會出現，他現在所有的努力都是朝著未來的工作而努力。最後他找到了一份和他原來公司性質相近的工作，雖然要從基層做起，但他被裁員時已經是中階的管理人員，所以，很快就升遷到中階幹部。

他覺得不可思議，為什麼我能預測他會找到一份比他原來還要好的工作呢？

「我也不知道，我只知道只要你相信的事，都會在未來一一實現。」

他原來要和我談他公司即將遷廠到中國的事，聽了我的話，他告訴我：

「大部分台灣業者都把工廠遷到中國，我們的工廠將會有更大的競爭力，因為台灣本地生產的東西，更有品質保證！」

中年失業的建麟，沒想到能夠找到一個更有制度的公司，目前又從中階位置升到了地區經理；這是一個能獨當一面的角色，從前他一直期待自己有一天能做到經理，沒想到他真的做到了。

「萬一我業績不好，我可能再度失業……」當上經理的第二個月，他再度來找我，告訴我這樣的話。

「你還想要什麼呢？」

「再亮麗一點的業績。」

「還是老話一句，你相信什麼，你就得到什麼。」

我再次的預告他不僅會有好的表現，而且讓遣散他的公司，用加倍的薪水請他回去工作，我更預告他的人生，將從此一片亮麗，以台灣為基地，把產品銷售到全世界。

建麟嘴角動一下，原本想告訴我「不可能」，但他馬上明白我的用意。

「相信什麼，我就得到什麼！」

幾年來他一直有很好的業績，現在是公司派駐越南的最高負責人。

中年失業是人生打擊還是生命轉機，就要看你如何預告自己囉！

殘而不廢的精神

我的另一個朋友哲賢，因工作受傷要靠輪椅才能行動，我去探望他時，他十分悲傷的告訴我，由於失去了工作，一家人從此要陷入痛苦的深淵，他的一生也「完蛋」了！

「如果你這樣『期待』你自己，它當然一定會實現，我問你，難道這就是你想要的嗎？」

他有些錯愕，我不像一些來看他的友人，淨講些無聊安慰的話，我以他最喜歡看的棒球為例：最後一局，最後一棒，已經兩好球，再一個好球球隊就要輸了，他卻在這個時候打出他生涯中的第一支全壘打，讓他的球隊逆轉勝，那支全壘打，讓他成為全隊永遠的英雄。可能與否，端視哲賢要預告自己「未來是什麼」？

「什麼是你真正期待和想要的未來呢？」

「殘而不廢，讓每個人都敬佩。」

當一個人下定決心，其他問題就會迎刃而解，他原本以為自己會坐著輪椅很不方便，可是公司不但不輕視他，還提供最新的全自動輪椅，讓他可以在工廠裡靈活的來去自如；公司不只省下一筆可觀的賠償金，還讓其他員工看見因公受傷的人得到最好的照顧。哲賢活得精采，去年還當選模範勞工獲得表揚，他後來還因此升上管理階層。行動不便的他，工作效率絲毫不減當年，他底下的員工自然不敢偷懶。

我再去看望哲賢時，他很感激我並告訴我，當時心裡一度起了靠補償金度過下半輩子的念頭，沒想到觀念一改變，一場意外讓生命展現了另一種可能；他沒有高學歷，竟能成為公司的重要幹部，把生產部門帶得有聲有色，他的同事給他一個綽號，「跛腳會跑的阿賢」！

心動力新生活

我有個朋友曾開玩笑的說，如果他中了樂透彩，從此就不要再工作了，也有人告訴我，假如殘廢領一筆一輩子都花不完的保險金，似乎也很不錯！

我不會給自己這樣的預告，我只想自己快樂工作，一輩子都快樂的分享。我很確定自己的預告一定會成真，因為那是我要的，不論發生什麼變故，它都會引導我得到我所要的一切。

你要為你自己預告什麼呢？

珍惜和感恩每一天

任何時候發生的任何事情，都將成為我們生命的一部分，盡可能儲存為美好的記憶，我們的生命自然就會亮麗和美好。

宜慧是我輔導個案的家長，自幼就是一個好女兒，懂事貼心，結婚之後也是一個好太太，可是她的運氣似乎不怎麼好，父母從不認為她是個好女兒，先生也不認為她是個好太太，大家從不好好疼惜她，最讓她傷心的是她兒子，她用生命的所有照顧他，他卻常常對她惡言相向，還有教她難過的是她的同事，她年輕時自己創業，成立一家食品公司，給予員工最好的待遇和最好的福利，員工卻從不知足，甚至有女員工和她的先生搞外遇，並竊占公司的財物。

「但願我沒有結過婚，一切問題就不會發生了……」

「沒有發生這些問題，妳就不會發現自己需要改變！」

她以為我指責她做錯什麼或不夠好，想要和我辯論，而我要她把情緒緩和一下再告訴她，人生是一段學習的旅程，如果沒有經歷深刻的痛，樣樣順心如意，認為自己所做的都是對的、都是好的，就不會有大大的體悟。

「觀念」決定對命運的看法

宜慧是個佛教徒，卻誤用了輪迴的觀念，認為上輩子一定做了什麼壞事，這些人才來向她討債。我告訴她正好相反，這些人是來報大恩的！她有些不知所措，可能是我講話總非順著她意。我再分析她的成長過程，因父母重男輕女，她一直想有好的表現，便處處以父母的意見為從，百般委屈自己，討父母歡心；事實上，她愈用心表現，父母為了平衡自己重男輕女的想法，就愈漠視她，把她的付出視為理所當然。她一肩擔下了所有的責任，盡心盡力的照顧父母，然而父母對她總是語帶責備，卻對她的兄弟溫和而有笑容。「做最多被嫌最多」，她一直不知道她做錯了什麼？

「妳做的都是對的，妳從小一直期待父母的關愛，但也一直失落著，妳有沒有想過，妳的態度可能同樣帶給爸媽無形的壓力，所以要他們有好臉色恐怕很困難。」

「我有嗎？」

宜慧不懂得照顧自己的感受，以為犧牲奉獻就是愛的表現；這種充滿著壓力的愛，常遭受他人拒絕、冷落或嘲諷，她不懂自己究竟做錯了什麼？事實上，她該為自己的喜歡而去做這些事，不能只為了討好別人，得到別人的肯定和賞識而做。人與人之間的互動是很微妙的，常會因為看不見的想法或非語言的訊息，讓彼此有所防衛，而做出保持距離或防衛準備。

「不用擔心那麼多的事，把自己照顧好，並維持著愉悅和平靜的心。人際互動最重要的，就是讓每個不同的人，彼此保持舒服的距離！」

「夫妻和親子也要保持距離？」

「這是當然的，每個人都期待別人的需要和尊重，同時每個人也期待著自己的獨立和自由。」

適當的人際距離

人看似複雜，其實要的不多，不過是想要一個適當距離，獨立自由又可以和外界保持良好的互動。用一個比喻，就像冬天裡的一群豪豬，牠們需要緊靠在一起取暖，卻又不能彼此靠太近，否則會刺傷對方，夫妻、親子關係也是如此，親友和職場的互動亦是如此，過度的親密和疏離都是無益的。宜慧似乎理解了，自己就是那種和別人靠太近的人。親密的互動關係，指的不只是空間位置，也是一種時間和頻率，每天都有和另一半和家人的互動時機，這時候就要斟酌出一些時間做自己喜歡的事。

「怎樣才是最適當的位置呢？」

「這沒有一定的答案，一句問候可能剛好，有時徹夜長談也不覺得厭倦。」

如果真想要有個衡量的尺，就是自己的「感覺」，和別人互動時，你的內在喜悅享受嗎？當然也要察言觀色，尤其是夫妻和親子互動，累了一天，全身能量幾乎耗盡，這時不如讓大家都休息一會兒，許多需求可以延後或暫緩；我們要常常提醒自己，良性的人際互動，就是讓自己和別人都能受到「妥當」的照顧。

「做人真難……」

的確，人與人的互動和其他動物不同，其他動物很少會有社交活動，大部分都是以自己的需求為中心，滿足「食」和「性」的需要罷了。所以，人才有更多學習和成長機會，我們自己「好」還不夠，還需要周遭的親友都「好」，我們才能夠安心的生活。

「有沒有更簡單的方法呢？那麼複雜，知道了也做不到！」

對談中，宜慧已經了解自己的問題。如何在未來生活做好準備，這是許多人的需求，但生活是很難預做準備的，只因我們不知道下一個片刻，我們的心情和感受會是如何，更不會知道我們飄浮不定的想法，會遊走到何方。相同的，我們的另一半、父母、孩子也是如此，若要理出一個簡單明確的規則，我想就是：帶著一顆不斷學習的心，任何時候的任何事情發生，都會是我們生命的恩典，都將成為我們生命的一部分，盡可能儲存為美好的記憶，再加上由一連串美好所組成的經驗，我們的生命自然會亮麗和美好，如果我們在此時此刻存入的是太負面的、太灰色的，我們未來也會受到影響。

「此時此刻才是最重要的，宜慧妳知道嗎？」

每一片刻都是唯一而獨特的，我們的生命只會經歷「它」一次，為何要留下悔恨呢？沒什麼比「此時此刻」的心情更重要，永遠珍惜和感恩事件的出現；如我們期待的，它可能是平淡和輕渺，不如我們期待的意外，才會真正豐富我們的生命，讓我們的生命更精采！

心動力新生活

用珍惜和感恩的心，看待每一天的到來，我們生活自然會有活泉和動力！

做，就對了

為了生活的精采度，為了自己期待的經驗，別考慮太多，用時間和金錢換得一小段不同的人生，我們永遠不會後悔這樣的投資。

我太太常拿我開玩笑，因我是天秤座，是風象星座，所以做決定如同風一樣快，而且立刻行動，不達目的絕不停手。剛結婚時，土象星座的她常會被我驚嚇到，怕我會出什麼大亂子，二十幾年來，她和孩子已經習以為常。我很少把一件事考慮超過三天，買東西的決定更是快，習慣馬上行動；但我都會給自己帶一副煞車器，做任何事之前，都會先問問自己真正需要的是什麼？

「想要的很多，需要的很少」，我需要的是不一樣的人生經驗，創造難得的人生紀錄，我只需要經歷它而已。我的朋友都知道，針對他們而提出的一些想法，我很少過度分析，因為「想」和「做」是兩回事，做了才會有收穫，不做怎會知道呢？我還有一些朋友，很喜歡檢討已經發生卻無法再改善的事，他們的口頭禪就是「但願……」；任何事情的發生和結果都是好的，都是難得的人生經驗，要接受已經發生而且不能改變的事實。

坐而言不如起而行

威盛是我的好朋友，他的孩子和我的小孩差不多年紀，我的孩子國小畢業時，要求我送他一份不一樣的畢業禮物——騎單車去環島。我邀威盛父子倆一起去，他當時告訴我，這決定太突然了，他有太多事要做，所以，下一次吧！隔年我們有一個新的計畫，決定騎獨輪車環島，我也邀他可以騎單車和我們一起走，他又告訴我，他還沒準備好，要先練體力和買一部好的單車才行。每年我和他見面，他都告訴我他還在準備，後來我們邀請他們去泳渡日月潭和登玉山，得到的結果很類似。最後我們父子已經不再邀他了，因為幾年下來孩子都已長大，哪個孩子還想跟爸爸去到處冒險和挑戰呢？我們父子每年總有一、兩個共同的夢想，那就是去自助旅行，找一個不知名的地方，讓自己放逐一段時間；雖然我的孩子長大了，和同學或朋友一有活動，也不吝邀請我，因為他都會跟同學保證：「我的阿爸他是個識相又不『機車』的人，放心啦！」

孩子只給我們一次參與成長的機會，我們的人生也是個單程票，所有行程也只走這麼一次，我們若錯過了陪懷孕的太太產檢、錯過了孩子的出生時刻、錯過了需要換尿布的襁褓年紀、錯過了拉著他的小手迎向遊樂場的每一刻、錯過了學習的困頓時期、錯過了他們的情緒複雜的階段、錯過了一起面對考試和工作的抉擇，那麼，親子間還留下什麼呢？夫妻之間，除了處理一堆家庭小事的不同意見，難道沒有心心相印、彼此疼惜扶持的記憶嗎？每天趕上班、下班，我們的工作除了增添存款簿上的一串數字外，我們留下了什麼呢？讓我們感到美好和喜悅的記憶到底哪裡去了呢？

勇於追逐我們的夢想

威盛終於出發了，他決定今年要一個人騎單車去環島，他問了許多我們不曾想過的問題，我實在不知要如何回答他，因為環島對我而言，已經是有點遙遠的事。我建議他買一部隨時扔掉都不覺得可惜的單車，帶最簡單和實用的行李，不管天氣如何，決定了就出發！只要一直往前騎，時間經過了，他就會環島一圈騎回家，如果遇到解決不了的重大問題，把車子送給有緣的人，隨時可以搭車回家。「好好享受這趟旅程！」我每天都用手機傳訊息為他打氣，還特別警告他不能輕言放棄，否則我們會拿這件事開他一輩子玩笑。十天之後，他騎回來了！我問他有沒有什麼特殊心得，他告訴我，他要把所有想做的事，從現在開始一件一件去完成。

「人生是一張空白畫布，你塗上什麼，它就會呈現什麼顏色。」

為什麼不珍惜我們擁有的夢想？做了再說吧！勇於嘗試和實踐，我們的人生自然豐富和精采。一個上班族，如果畫地自限，工作就只能維持平盤，能力和薪資原地踏步，服務品質也永無改進的空間，家中的夫妻和親子互動也會保持原樣。我們總固執於自己的想法，人生如何會有活力和動力呢？我不是建議大家一定要去環島或登玉山，但為了生活的精采度，我們可以帶給自己和家人一點特別的體驗。我不習慣籌備太過周全的計畫，如果你覺得這是自己期待的經驗，別考慮太多，用時間和金錢換得一小段不同的人生，我們永遠不會後悔這樣的投資。

心動力新生活

我的家人和同事、親友已經很習慣我的「瘋狂」。沒有什麼不可能，想到就去做它吧，也許什麼結果也沒有得到，也許只是出外走一遭。任何的行動都會是美好的人生經歷，沒有結果也是一種收穫喔！不論生活上、工作中、家庭裡的任何想法，都勇於實現它吧！心動力來自一種習慣，「不動就會沒力」喲！

心動力

生命的所有紛擾來自於我們的頭腦，如果能清楚的與自己進行對話，我們每一個人都可以是自己心靈的朋友和導師。

禎茹是我朋友的孩子，大學畢業，成績優秀，卻對職場充滿了恐懼，因而再讀碩士，拿到學位後依舊很茫然。她不熱中研究工作，對攻讀博士班並無太大意願，如果要找工作，又不知自己的興趣為何，她修了教育學程，也到學校實習，但她不認為自己適合教書，再加上讀書期間除了寒暑假短期在親戚家的工廠幫忙，沒有真正的工作經驗，於是就上網去就業網站找了許多工作機會，遞出履歷表，可是幾乎都沒有得到回應，有機會面試的，面試後也都沒有進一步的消息。

工作真的很難找嗎？還是禎茹還未準備好呢？因找不到工作，她就隨同學一起去補習英文和日文，一陣子之後又失去興趣，於是轉換跑道，準備公務員考試。她考上了郵局的郵務人員，許多人不明就裡的恭喜她，她也很高興，上班後才知道是當配送信件的郵差，她覺得這個工作太委屈自己了，才去了一天，第二天就沒去上班了。父母都還未退休，也沒那麼急著要她找工作，她就這樣悠閒度日了好幾年，她還是不知道自己適合做什麼？期間有親友介紹男朋友給她，她也談了戀愛，而她卻不清楚自己是否有結婚的想法，結果不了了之。

她實在不知道自己適合什麼樣的工作，因大學同學的邀約，一起進了保險公司擔任業務工作，她做了幾個月發現每天要拜訪陌生人，要被一再的拒絕和掛電話，讓她十分受挫；因她剛開始進入這個行業，沒有經驗當然沒有業績，領的是最基本底薪，還要承受一堆考證照和學習的壓力，她最後退出了這份工作。兩、三個月的工作經驗，讓她覺得自己不適合做業務。禎茹後來又找到一份行政助理的工作，這份工作簡直和打字員、總機小姐沒有兩樣，「沒有工作是件很罪惡的事」，她受了好些委屈，但不敢輕易辭職，忍耐工作了幾個月，雖然待遇不高，但總有份夠自己花用的收入，生活也還過得去。和她一起做同樣工作的同事，有的是職校畢業，有的是專科畢業，她的主管畢業於普通大學，所以禎茹不敢讓別人知道她的學歷是碩士，而且畢業於知名大學。

由於禎茹具有教師資格，儘管對教書沒太大興趣，然而與其他行業比較起來，教書好像比較適合自己，於是她參加了幾次考試，但競爭太過激烈，她始終榜上無名，有人建議她先當代課老師，她也好不容易爭取到一個機會，就這樣，她便擔任了小學代課老師。名為代課，事實上和一般老師並沒有什麼差別，學生和家長也不知道她不是正式老師。

教書這份工作她還算喜歡，至少比其他工作多了些尊嚴和成就感。在學校她巧遇了同校的大學同學，兩人常走在一起，她又感覺自己再次戀愛了，或許只是無聊需要個伴，在兩人都有結婚壓力的情況下，禎茹也沒多考慮就結婚了。婚後她也考上了正式教師，接著她也覺得自己年紀夠大了、該有孩子，就當了兩個孩子的媽媽。她和先生都是老師，工作穩定，收入也還可以，於是忙著存錢買房子和照顧孩子，生活就這樣一天過了又一天。

自我認識，永不嫌晚

有一次，教育局辦理教師進修，坐在台下的她，聽了我的演講，愈聽愈疑惑，她不知道自己的人生究竟是什麼？她在學校時，生活比較有目標，把老師指定的功課做好拿高分就行了，從未真正想過自己想要什麼。進了社會，就職的過程更是一片茫然，她雖然目前有一份穩定的工作和家庭，可是她仍然疑惑眼前的一切是她想要的嗎？現在有太多角色需要她，她已忙到沒有心力去思考；她不曾喜歡讀書這件事，卻一路讀到了研究所；她在還沒有確定自己是否適合婚姻生活之前，就別無選擇的結了婚，也生了孩子。

長久以來，她有一種坐上車，可是無法下車的困惑，所以只好隨著車子到處走，去哪裡她都無法選擇，甚至在倦累當下或午夜夢醒時，懷疑著身邊這些人事物都是虛幻的，都和她無關，她想知道她的人生究竟是怎麼一回事，再繼續這樣下去，可以嗎？

我來學校和教師談的主題是「自我認識」的課程，我很感謝禎茹的用心分享，因為她想看清自己，認識生命的來龍去脈。每個人出生至今，所知與體會真的很有限，可以選擇的好像也不多，我們一直努力在生活著，然而總是缺乏明確的目的和期待。

了解這些已經不容易了，許多人試圖要找到自己生命的目的，並做好完善的規劃，坊間開設的類似課程也曾吸引我，而幾經探索和了解，我才恍然大悟：生命本身就是個目的，不需另外找一個目的加諸於上頭。有人看似找到了全部，那仍舊只是整體生命的一部分，因為生活本身就是個學習之旅，生活列車日復一日的穿梭而過，發生在你我周遭的一切，看起來和我們有關又看似無關；在互動過程中，所譜出的生命樂章，若少了哪一個音符和音節，「它」便不夠完整。所以，我們必須接受所有的安排，我們不需要改變什麼，是這樣嗎？

每個人都是自己的心靈導師

禎茹能夠覺察自己的茫然，是非常重要的了解過程，許多人都以為自己體悟到了人生真諦，事實上，可能失去更多了解自己的機會。生活中我們有許多角色必須扮演，一切都是那麼自然和諧，所有的紛擾來自於我們的頭腦，如果我們能清楚觀察這些互動過程，從中體會，就能安心自在的享受生命。我不反對宗教的信仰，大部分的人的確需要一個可以和心靈對話的對象，因為現實中，很難有這樣的人存在，然而我們要明白的是，我們通常是和自己進行對話，而我們每一個人都可以是自己心靈的朋友和導師。

這些談話，讓禎茹有些疑惑，我則告訴她，剛才她聽到的都只是片段的比喻，因為我很難描述每一個人內在的真實狀況；不要太在意，重要的是如何看見自己的疑惑，不要因為得不到明確和清楚的答案而感到氣餒，任何的答案都是整體的一部分，它都隱含著意義和價值。用這些意義和價值，去了解我們的另一半、父母、孩子、朋友、同事和學生，相信就會有更多體認：我們內心不明白的，別人也會有同樣的困惑和紛亂。「了解」無益於問題的解決與改變，但我們可以不拿別人的感受，讓自己受到打擾和傷害。我們要很清楚，自己能夠做的是什麼？不可改變的是哪些？常保平和清淨的心靈，所有的疑惑會自然煙消雲散。

心動力新生活

禎茹最後總算了解一些。生活的動力不是來自於一時想法或一股衝動，那樣的「蠻衝」，只會平添無力感和倦怠感。了解生活中的種種事件，在在都是學習和成長的機會，並讓自己充滿著期待和好奇，生活就會充滿了動力和活力喔！

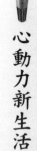

Chapter 5

心動力新思維

創新是沒有止境的努力，未必是無中生有，大部分的創新是重新發現或是就已發現的事物，重新找到它的新價值和新功能；每一個人都有創新發明的潛能，只是我們不懂得如何利用這項潛能。

大家都知道，擁有關鍵智慧財產權，會帶來龐大的經濟效應，例如二〇〇三年五月，美國法院裁定eBay必須賠償MercExchange, L. L. C.（伍爾斯頓〔Thomas Woolston〕開設的公司）三千五百萬美元的經濟損失，日後還要付專利權利金給該公司，如不支付，就要改變拍賣方式。

類似這樣「小蝦米」的個人或小企業，藉專利權的擁有，打倒企業「大鯨魚」的例子時有所聞，所以，在智力決勝的時代，我們絕不能輕易放棄任何機會，台灣未來的競爭力，若不能在智慧財產權上有所突破，企業和個人在國際間圖生存將會愈來愈困難。創新和開發潛能一點都不難，關鍵是：你知道它的「金鑰匙」在哪裡嗎？

需要是創新之母

未來會有什麼可能呢？我相信它是永無止境的創新研發過程；沒有什麼是「一定」或「絕對」的，只要找得到需要它的人，就有發明的希望。

有人說「需要為發明之母」，我認為未必如此，儘管大部分的發明是因需要而出現的，但也有一些是意外或巧合之作，接下來會介紹一些只是新奇有趣而用處不大的發明。

許多發明都是因應需要而產生的發明，尤其是二十世紀更是如此，由於電源的充沛供應加上各類電器的出現，該被想到或需要的，都被發明得差不多了，然而，二十一世紀的需要是什麼呢？有人說是更小、更薄、更方便和更便宜的發明，尤其電腦資訊的日新月異，很多發明都和高科技連結在一起，因此愈來愈不容易有突破性的發明；食、衣、住、行、育、樂的大部分需求都被滿足了，發明的空間也愈來愈小，然而如果你從日常生活出發並仔細觀察：我們的需求是永無止境的，因為人類愈來愈懶，就會出現「懶人發明」。懶得用掃把掃地，就發明了吸塵器、洗地機和沖地機，還有人發明了吸塵機器人，會自動把地板打掃乾淨。以此類推，是不是也會有人發明不用動手便會自動清洗、晾曬並摺疊分類的洗衣機，和不用專人烹調，只要混合各種食材，就可以依選項做出不同口味食物的烹飪機呢？

大部分的發明是從需要開始，它的實現就是從不可能（或被別人當成傻子），經過無數次的試驗，直到作品完成。有創意的點子很重要，但如果你只是空想，而不開始行動，它只會是個幻想！相反的，只要你認為「可能」而且開始行動，就有機會完成你的發明。

你必須看到你認為的「需要」，基礎發明在這個世界上只需要一次，不斷改善和功能提升卻是可以無限延伸的，例如我們早就有了電視這樣的發明，然而從真空管、電晶體到積體電路，投影式的電視、電漿電視、液晶電視，從小螢幕到大螢幕，從重到輕、從厚到薄，顯像的技術愈來愈精細，還有人想到把螢幕製造成眼鏡供人配戴。

未來會有什麼可能呢？我相信它是永無止境的創新研發過程，因為電視是現在每一個家庭和個人生活的一部分，它已是必需品，很少有人能夠忽略它，所以，它的需求和進步，就永無止境囉！我們周遭也有類似的產品，看似已達到了成熟完美的階段，但仍能一再創新，滿足顧客更高的需求；也有一些產品始終變化不大，如大同電鍋，幾十年來大家都喜歡它原本的模樣和功能。

人類的本能就是追求更進步、更實用、更方便、更有效率、更少的花費、更特別、更有趣、更新奇、更有價值、更物超所值。「更」就是創新的過程，你可以把你的生活或工作，加上一個「更」字，然後再思考如何做到，這就是創新思考與進步的動力。如果你什麼都不想，什麼事都可以忍耐，維持現狀就是你的生活本質囉！

心動力新思維

沒有什麼是「一定」或「絕對」的，任何事物都是相對的，需求並非要滿足所有的人，只要有一個人需要它，它就會有價值；因為價值是由人所決定，可別輕易否定你的創意價值，只要找得到需要它的人，就有發明的希望。

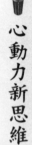

有用性才可以申請專利嗎？

不要輕易否定任何想法，端看你能否把每一種別人視為無用的創意，轉變成有價值的用途。就讓我們為彼此加油鼓勵喔！

申請專利的條件有三：有用性、新穎性、進步性。如果你有興趣，可以進我國的智慧財產局網站（www.tipo.gov.tw）或其他美國專利商標局網站（www.uspto.gov）查詢，你會發現裡頭有許多看起來實在不知有何意義或用處的有趣東西。例如廖和信先生所著的《專利，就是科技競爭力》一書中就舉了把鈴鐺掛在老鼠身上的裝置、聖誕老人在送禮物時把他抓住的裝置、給狗戴的手錶……，只要能說服專利審查委員，你就有機會取得專利。但也別小看這些看似一無是處的專利權，許多意外發現的創意和專利，都可以在某些時候發揮大大的效用，尤其是在抗辯專利的侵權上，能找到相關的專利或文獻概念，一個原本一無用處的專利，可能就會水漲船高，獲取高額的授權費用。

我這裡想表達的是，不要輕易的否定任何人的任何想法，每一種創意是否有用處或有價值，往往是需要有創意的人去解釋和行銷它。

日本有一個團體，專門研發科技或電器的概念，做出一些無厘頭的創意作品（不實用的東西，在美學和藝術上未必就一定沒有價值），這個團體聽說也曾受邀到台灣展出，二〇〇七年，媒體報導來自日本的二十九歲創意服裝設計師月岡綾，在東京人來人往的大街上，三兩下就將身上紅色長裙變成了自動販賣機，往裡面一藏，杜絕無聊男騷擾。這樣的隱身裝也許不是百分之百實用，尤其不適用於「手會抖的人」，但是市場反應似乎不俗，目前已售出二十件販賣機隱身裙，一件售價八百美元（約台幣兩萬六千元）。日本發明無奇不有，再如甚至出現「珍道具」（chindogu）一詞。珍道具係指無用或令人發噱的發明，川上健二是鼻祖，靠著古怪發明的他享譽日本與國際，「經典」作品包括專為飽受花粉之苦而不停擤鼻子的人所設計的頂上衛生紙。日本重視每個創意和發明的人，再怎麼稀奇古怪的發明，都不會惹來日本民眾的訕笑或嘲諷，其目的是鼓勵大家樂於嘗試。

有興趣的你可上網搜尋，你會發現許多有趣的珍道具發明照片，例如，吹拉麵用的小電扇、可站著打瞌睡的下巴架、坐公車打瞌睡不會東倒西歪的帽子。這些東西可能不是很實用，但珍道具還成為著作，是一部暢銷書喔！別小看自己一些脫離現實和實用的想法，集合起來放在網路上，讓它成為一個可被大家使用和利用的新玩意，你可能還會大發利市。

心動力新思維

創新就是尋找差異性和獨特性的過程，如果你知道當時滑鼠被全錄公司（Xerox）發明時，只因它叫老鼠（mouse），就被許多人棄用，而蘋果電腦的董事長賈伯斯（Steve Jobs），卻用這項創意創造出麥金塔王國！如何累積資產和財富，端看你是否能把別人視為無用的東西，轉變成有價值的用途，就讓我們為彼此加油鼓勵喔！

創新不一定要有用

一個有創意思考的人，遇到問題會立刻動手實行；永遠沒有「不可能」，方法就在不斷嘗試中被尋找出來。

每個人都有不同的特質，我有一個朋友，他是一個科技人，如果你拜訪他的住處，保證一定昏倒：整個房間東西亂糟糟的，乾淨和骯髒的衣服堆成一團，各種箱子、用品和文件散落一地，工作的桌子更是慘不忍睹，實在很難想像這樣一個好比廢棄倉庫的地方，如何能夠讓一個正常人生活呢？更恐怖的是，他的浴室和廁所，漏水加上惡臭，我沒辦法理解，這樣的一個人竟能創造出卓越的工作效能！

我仔細觀察我這位朋友，他是非常的專注於工作的人，其他的生活細節，對他而言都是無關緊要的；我並不鼓勵每個人要像他一樣，而是要和大家分享——我們專注什麼，我們就得到什麼。我們把注意力集中在生活的舒適，就會建立良好的生活品質；我們專注於我們的外表和形象，我們的外在自然就會給人不一樣的感覺。

一個想要在創意上有成就的人，就必須有個隨時都想要改善和解決問題的頭腦。新聞常報導水溝蓋被偷的案件，一個有創意思考的人，可能就會想如何防止水溝蓋不被偷，或讓小偷不敢、不想，也不願意偷。這時就會有很多的創意點子「生」出來，我們的社會才會持續進步。可惜的是，有權力和能力的公務人員，通常不會有什麼新的點子，這和他們的工作環境和文化有許多相關，所以類似的社會問題就會一再發生。

改變我們的習慣，遇到問題要習慣去思考，並且立刻動手實行，否則光說不練的價值是有限的。解決問題、讓東西或事情變得更好是創新的過程，而創新的另一個重點就是我們「喜歡獨特」的人格特質——做任何事都不喜歡和別人一樣、不喜歡跟隨群體、喜歡標新立異。

我們也喜歡雞蛋裡挑骨頭，兩件看似相同的東西，硬要找出它們的不一樣，而且我們喜歡問「為什麼？」，更喜歡問「為什麼不！」。這樣的人格特質，讓我們的成長過程吃盡苦頭，可能會被別人標上叛逆的標籤，但創新本來就是尋找孤單和特例的過程，在生活上我們也許習慣從眾，在思想上卻追求獨特和差異，這就是靠創意謀生者非常重要的習慣，喜好推理和思考任何見聞，相信任何事物都有無限改善的空間，挑戰別人認為的「不可能」和「做不到」。

心動力新思維

如果你想成為創意人，請先從培養創意習慣開始，並期許做個永遠向別人和自己挑戰的人。人的智慧是無限的，卻常常被習慣給設限，永遠沒有不可能，方法就在不斷嘗試中被尋找出來。

別輕易放棄

世界那麼大，所受的教育內容相近，生活模式與需求也大同小異，你想到的方法，別人也極可能注意到，這表示我們還需更細心的思考。

有一天我突發奇想：看著太陽娃娃，只是搖頭或點頭，實在太單調了，何不設計一個窗邊樂園，讓太陽電池可以帶動馬達做出更有趣的環境。這念頭應該不只我想到，果然沒錯，我上網查詢關於因光電板產生電而帶動的玩具和產品，得到非常多的成果，而我逐一研究它們的驅動原理，得到了許多啟示。新型發明都是讓光產生電流，帶動馬達，但這些只是利用光電作用產生微量的電流，讓磁極改變，而推動裝置動作。

這項發現讓我做出了幾十種不同的裝置和玩具。

我想和大家分享的是，「發明得利」是全世界挖空心思都想獲得的，世界那麼大，所受的教育內容相近，生活模式與需求也大同小異，你想到的方法，別人也極可能注意到，這表示我們還需更細心的思考。

大家都討厭臭襪子，如何讓襪子久穿不臭，我想你上網去查一定有很多發明，這表示大家愈討厭或愈不喜歡的事，愈有商機存在。我們過年喜歡嗑瓜子、包餃子，「嗑」和「包」這兩件事都不是讓人很喜歡，所以就有人發明方便「嗑」和「包」的裝置，但並非普遍被人使用（因為這些發明還不夠實用），因此這可能就是我們的發明機會所在。生活上或工作中，還有什麼類似的事件可讓我們繼續思考呢？

和你分享一些簡單的思考模式，讓我們從生活中的食、衣、住、行開始。

食的方面：

午飯便當送到時，你正忙著還不能吃飯，等到要吃飯卻冷了，除了電鍋和保溫盒外，能否有個袋狀的東西可以幫我們把食物加熱或保溫，不插電也可以使用呢？為了環保而隨身攜帶的環保筷，但是吃東西有時還需要叉子和湯匙，能否有一種隨身攜帶，簡便又多功能的餐具呢？

衣的方面：

已經有人把鋰電池裝在衣服控制溫度，讓冬天能更舒服，同樣的思考方向，是否能夠發明出冬暖夏涼的衣服呢？它又需要用哪種材質和裝置才可以製造出來呢？

住的方面：

客廳、廚房、書房、臥室、樓梯間，關於清潔的、舒適的、安全的，我有很多的不滿意，室內的娛樂、運動、健身我也一樣有一籮筐的不滿意。這不是很棒的事嗎？一切都充滿著機會。

行的方面：

從家裡或辦公室到捷運站，坐車太近、走路有點遠，開車或騎車又不方便停車，有什麼解決的好點子呢？我曾有項發明，名稱叫做「都會便利車」，收起來如手提箱，按幾個鈕就可以組成一部簡單的腳踏車（實用性還不高，商品化還有些距離），你也可以幫忙想一想，說不定全世界都有機會用到你的發明喔！

心動力新思維

成功是什麼？對一個想發明或擁有專利的人，就是永不放棄。如果你實在不知道怎麼找點子，接下來我會引導你如何思考，你如果想要發明，就有做不完的點子。最重要的是，別輕易放棄喔！

問對好問題

發明的過程絕對會有一連串不如我們期待的事發生，與其抱怨生活或工作，不如問一個有利於自己和別人的好問題。

有一本暢銷書《QBQ！問題背後的問題》給了我很好的啟示：與其抱怨生活或工作，不如問一個有利於自己和別人的好問題。我們常質疑「為什麼倒楣的事總是讓我遇到」，可是愛迪生在他的燈泡工廠發生火災時，卻不是這麼說的：「這一把火把我們所有的錯誤全燒光了！」事情沒有好壞，只在於想法，你正向積極的思考，自然會問自己很好的問題。

發明的過程絕對會有一連串不如我們期待的事發生，我喜歡閱讀古今中外的發明故事，幾乎沒有一試就成功的例子，通常都是一試再試、屢經失敗，甚至受到家人、同事和朋友的嘲笑，這些人最後因堅持不放棄，因而獲得成功的成果。失敗是成功的一部分，你若知道一千多種不可行的方法，下一種方法很可能就可以成功；任何的失敗都有其意義和價值，都是成功的一部分。

趨勢科技創辦人張明正、陳怡蓁夫婦在他們所寫的《@趨勢》一書，詳述趨勢科技自創立以來，多次面臨重要抉擇與突破的來龍去脈，並細數夫妻創業的經驗與心路歷程，讀完之後我深獲啟示——任何的成功，都是持續不斷的堅持、堅持、再堅持的歷程。所有的考驗都不是挫折的來源，而是通往成功旅途的必經之路，他們夫婦能堅持到底，就是因為他們帶著非要成功不可的決心，如果沒有成功他們將一無所有。

所以，永遠帶著必定成功的堅信與永不放棄的堅持，並問自己以下這樣的好問題：

我可以再改善什麼？

如何做才可以完成？

從過去的經驗中，我學到了什麼？

如果要成功，我該怎麼做？

拉鍊是一八九三年，美國退休的足球運動員周德森（Whitcomb Judson）所發明的。他是個頭腦聰明的大胖子，在那個時候，流行穿著綁鞋帶的中長筒皮靴，對於每天早晨穿鞋都要費盡千辛萬苦才能完成的穿鞋壯舉，他問了自己一個很棒的問題：「怎樣才可以讓我手一拉，就把鞋穿上呢？」於是，他設計出一種可以一拉就OK的東西，他把這個東西取名為zip-fastener（用拉的鈕釦），這就是世界第一條拉鍊。

「問題」是上天賜給創意人最棒的禮物，我們要問自己一個好的問題：「我怎樣才可以做到呢？」問對了好問題，接著就要問：「如何做才能讓它做到更好呢？」創新發明就是不斷改善的過程，但有許多人問的都是負面問題：「我怎麼這麼倒楣？」是禮物還是惡運，都由你自己決定。

另外一本書叫《發明炫點子》，裡面介紹一則鏟雪機的發明故事，讓人很感動。居住在加拿大的發明人亞瑟（Arthur Sicard），因見識到收割機的妙用，靈機一動想到可以改良它成為一部鏟雪機，剛開始他飽受鄰居和朋友的嘲弄和排斥，經過無數的試驗，最後才獲得成功，贏得眾人的肯定。其實大部分的發明幾乎都會經過一段遭人質疑和否定的過程，而為何大部分人空有想法最後都沒有成就呢？只有一個原因，就是「只有想法，沒有行動」。創新是「行動」，絕不是只有「想法」而已，而且不只是行動，還要積極且持續不斷的行動。許多的發明，獲得最大利益者，通常不是原創的發明人，而是持續不斷改善原發明，讓功能趨於完備的人。所以，創新是行動，是積極的行動，而且是持續不斷行動；永遠沒有最好，只有比過去較好而已！

自動烤麵包機是美國機械技師史崔特（Charles Strite）在一九一九

年發明的，他是因為吃到一盤又黑又焦的麵包，才問自己一個很棒的問題：「烤麵包還是得自己烤，但要怎樣才可以烤得剛剛好，不會黑掉或焦掉呢？」後來，有人也問了一個好的問題：「怎樣可以把材料放進機器裡，就會自動把麵包做好呢？」當然，全自動製作麵包的機器就這麼被完成了。

也有人問了這樣一個好問題：「可不可以把留言烤在麵包上呢？」這可是最新的發明：可留言的烤麵包機（Toast Messenger），媽媽可以在上班出門前把事情交代給孩子，或是由情人寫下幸福字句，為另一半做一頓愛的早餐，可以留言的烤麵包機絕對是你的生活好幫手。這款仍未上市的烤麵包機，由網路上得知是由來自台灣的Sasha Tseng為國內品牌EUPA所設計，特點是當你在機器表面寫下字句（或塗鴉），下方的吐司在烘烤完成後，就會顯現相同的文字。

很棒吧！無論是生活或工作，你要問自己什麼好的問題呢？

心動力新思維

是上天賜給我們「問題」，但問錯了問題，可能會帶來更大的災難。別擔心，只要你常保正向積極的態度，一定會問出好問題，讓上天賜給你一份禮物。

創新是件容易的事

別輕易否定自己，請找回你的創意潛能。回想一下你的成長歷程：許多創意潛能是被你自己藏起來的喔！

一四七五年生於義大利佛羅倫斯加柏里斯鎮的米開朗基羅，是偉大的雕塑家，同時也是卓越的建築師、畫家和詩人。他與達．文西和拉斐爾並稱「文藝復興三傑」，最著名的作品就是大衛雕像。當他完成了這座高四公尺半的大理石像，眾多觀眾一致的疑問就是，米開朗基羅如何將大衛雕琢得這麼完美，他的回答是：「當我第一眼看到這塊大理石時，大衛已經在裡面了，我不過是把他身上多餘的部位去掉而已。」

米開朗基羅創造了大衛像嗎？還是如他所說的，他第一眼看到這塊大理石時，大衛已經在裡面了，他只不過把不屬於他身上的多餘部位去掉呢？這和我們要談的創新發明又有什麼關係呢？創新如果是無中生有，那是天大的工程，如果我們像米開朗基羅一樣具有慧眼，一眼就可以看出我們要的東西一直存在著，創新將會是一件非常容易，每個人都做得到的事。就像如果你回溯到十年前，你會想到電腦、手機、相機、電視可以做成現在這種樣子嗎？如果你有能預見五年或十年，甚至五十年的眼光，你看到的東西就會完全不同。創新也未必一定是「新」，許多已被發現的東西，它的用途和功能仍等著人們開發；一塊石頭裡不僅住著大衛，還住著我們期待的所有一切。

別小看一枝筆，如果你能從使用原理和作用加以思考，你也會發現它可以運用到許多生活方面的用途，例如，地心引力會讓有重力的墨水自然往下流，同樣的原理，凡是液體狀的物質，像是洗髮精和洗潔精，都可以應用原子筆或鋼筆控制墨水的原理，改善使用的功能。只要你仔細觀察就會發現，創新俯拾皆是，我們每個人心中都有座大衛像喔。

創意是很自然和容易的事，類似的思考可以運用到你的生活和工作，因為「它們」早已存在，等著你的發現。

杯子為什麼可以盛住水、如何不用杯子也可以把水盛住、把水留住並讓空氣流通……從這些「問題」，你想到了什麼呢？GORE-TEX材質的衣服和鞋子，便是運用同樣的原理，創造出新一代的防水布料。用同樣的原理，還有哪些新發現可以方便人們的生活呢？

心動力新思維

我想告訴大家的是，創新和申請專利真的很容易，困難的是在後頭的商品化過程；只要你有一顆敏銳的心，眼前一切都有無限改善和變化的可能，所以，別輕易否定自己，我們的教育過程中，標準答案讓我們失去創意潛能。請找回你的創意潛能，回想一下你的成長歷程，許多創意潛能是被你自己藏起來的喔！

不可能才是最好的機會

任何的發明都是用毅力、決心和努力，向不可能的挑戰，最重要的是別自我設限喔！

電視是二十世紀最重要的發明之一，英格蘭的電器工程師約翰·洛吉·貝爾德（John Logie Baird）在一九二四年，用收集到的舊收音器材、霓虹燈管、掃描盤、電熱棒和可以間斷發電的磁波燈和光電管等，做了一連串試驗來傳送圖像。經過上百次的試驗後，貝爾德總結了大量的經驗。一九二五年十月二日清晨，再一次發動房間裡的機器時，隨著馬達轉速的增加，他終於從另一個房間的映射接收機裡，清晰地收到了比爾——一個表演用的玩偶的臉。

在此之前誰也無法相信影像可以傳輸，有人預測下一步傳輸的是不是活生生的物體呢？從前郵件要靠郵局傳遞，現在大家都靠E-mail或更直接的視訊對話，未來往返甲地和乙地可能只要一瞬間，如果是這樣，交通污染的問題馬上解決大半。我相信這樣的想像很有可能實現，只是目前還沒有人能找出可行的辦法。時代的進步，以電腦為例就可以了解；依照電腦發展的歷史，大概可以分成五個階段：

第一代電腦（真空管）：

一九四六年，美國人艾克特（J. Presper Ekhert）和馬其里（Dr. John W. Mauchly），製造出第一部以真空管為零件的電腦。它共用了一萬八千個真空管，重約三十噸，大約要兩間教室才擺得下。第一代電腦，耗電量大、散熱不易、可靠性低，在使用上很不方便，而且價格昂貴。

第二代電腦（電晶體）：

一九四八年發明了電晶體。一九五四年美國貝爾實驗室完成一部以電晶體為主的電腦。這種電腦，比第一代電腦體積上要小多了，耗電量較少，散熱也較佳，穩定性當然也比較高。

第三代電腦（積體電路）：

第三代電腦是以積體電路（IC）所製造的。積體電路是將許多電晶體濃縮在一個微小的晶片中。這一代電腦的優點：體積小、堅固耐用、耗電量少、速度極快、可靠性高、價格低廉。電腦也開始進入大家的日常生活中。

第四代電腦（超大型積體電路）：

第四代電腦是以超大型積體電路（VLSI）所製造的。超大型積體電路是將更多的（約數十萬個）電晶體集中在小小的晶片使得體積更小，速度更快。這也是目前所使用的電腦。

第五代電腦（人工智慧電腦）：

第五代電腦是具有人工智慧的電腦。所謂人工智慧電腦是將人類的智慧——推理能力、邏輯判斷、圖形、語音辨識等與電腦結合。使電腦具有聽、看、寫、說、想、學的能力。第五代電腦常常要處理複雜而大量的資料。因此，這種電腦的處理速度要更快、記憶容量要更大，這樣才能處理大量的資料。

第六代電腦是什麼呢？

別擔心，世代之間的間隔已愈來愈小，不出五到十年的時間，電腦勢必還會有重大的進步。你還在認為這不可能、那做不到嗎？過去的你已錯失了許多機會，現在可是你難得的機會所在喔！任何的發明都是用毅力、決心和努力，向不可能的挑戰。

心動力新思維

不論你什麼時候開始，你都有機會；任何的努力都不嫌晚，最重要的是別自我設限喔！

別自我設限

你該勇於創造自己的生命紀錄，為什麼不給自己一個全新又充滿無限可能的機會呢？

許多人質疑學習社會科學的我，如何對創新發明有所能力呢？當然，我要做一些解釋，我之所以有特殊的智能，導因於小時候的一場病，讓我喪失和一般人同等的記憶力，但上天給了我分析整合的系統思考能力和創意能力，更重要的是，我的父母從小把我視為另類的天才（事實上，我的成長一直沒什麼驚人傑出的表現，一直到大二主編警政學文獻分類目錄，我才驚覺我確實擁有獨特的天分）。

我有太多不會的東西，然而我很清楚的知道，我有許多別人缺乏的能力，而且我勇於嘗試，用信心、毅力和決心創造非凡的生命紀錄，譬如，我開始撰寫和職場有關的書，是因為我了解許多讀者正渴望看到一本以人為中心，激發多元潛能的書；我有信心寫作這個主題，在於被我成功激勵的人、我輔導的個案、聽過我演講的人，和看過我的書或影片的人，他們的迴響讓我知道我做什麼事都會成功，而且背後都有一群人鼓勵我繼續從事這項我拿手的工作。

「你也是！」因為你相信，所以，你該勇於創造自己的生命紀錄，為什麼不給自己一個全新又充滿無限可能的機會？我第一次受邀到美國矽谷對一群精通各個領域的專家演講，一開始便告訴這些與會的人：「我不知道，也不懂你們專精的領域，而且我也不需要會，我只知道人的潛能是可以無限發揮的，只要你知道而且相信自己。」智商只有七十的我，對一群幾乎都是科技領域的博士演講，完全不需要去講他們了解或知道的事，因為這不是他們有興趣的，他們要聽的是「我知道，而他們不知道的事」。會後我三度被邀請，因為他們認為我能徹底激發他們潛藏在內心深處的力量！

相信自己是全世界最聰明、最有智慧的人，會有什麼後果呢？因為相信，你的頭腦就會開啟一個不一樣的視野，你會看見未來的世界，和藏在生活或工作之中的各種機會。你可以像Yahoo!的楊智遠先生、無名小站簡志宇先生，或訊連科技的創辦人黃肇雄先生，在各自擅長的領域奮鬥並成功打造自己的王國。

人生的機會在於你的信心，你相信什麼呢？假如你只是一個為薪水而賣命的上班族，你的機會又在哪裡呢？各行各業其實都充滿著想像不到的機會，你可以給自己一次成功的經驗，如果自我設限，你的生命旅程會是單調而貧乏的。生命是一趟美妙的旅程，當心打開時，機會就會源源不絕的來到。我不用成功來衡量我的生命，只感恩生命中的各種恩典和緣遇，而我相信未來是我生命更精采和豐富的開始！

你也能夠，只要你想你要，你就得到！

心動力新思維

誰是我們生命的主宰呢？你可以相信我們信仰的神，也可以相信你自己；我始終相信我所做的每一件事都是上天最好的安排。你的生命究竟如何，決定在於你是否自我設限喔！

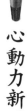

壓力是潛能的泉源

我們被社會和世界所需要，才會激發出獨具的功能和潛能；因為喜歡、因為願意，許多的困難和疲倦，就不會輕易爬上我們的身體喔！

現代人討厭的字眼之一就是「壓力」！

壓力是潛能激發的泉源，任何事若沒有時間、數量和品質的要求，是不可能創造出什麼好結果的。學生時代的我們，作業若沒有早早寫完，肯定拖到最後一刻，我們面對工作目標也是如此；我們習慣拖延，如果沒有明確而清楚的目標，什麼事情都完成不了。

寫這本書的同時，我仍是個要應付層出不窮個案和家長問題的上班族，每週還固定指導一個獨輪車訓練班，我的研究所進修課程也尚未結束，而且每個月在不同企業和機關都有平均十五場左右的演講課程，我是一個很棒的先生和爸爸，還是一個重視自己健康投資的人，我每天至少會接五至十通陌生的求助電話……各位想想，我還給自己訂了一個持續寫作的目標，如果我的身心沒有隨時保持最佳狀況，隨時準備為別人提供最完美的服務，我的工作壓力應該會大到壓垮自己吧！但我從未感覺工作的壓力，因為有壓力，我才知道什麼叫放鬆和休息；不同特性的工作，我把它們轉換成另類休閒，更何況我做的工作都是我願意和喜歡的！

每天的時間是有限的，因為認真的付出，不但白天會有滿意的收穫，到了夜晚，自然會有安詳的休息和睡眠。工作和付出是很棒的事，因為我們被社會和世界所需要，我們發揮了獨具的功能和潛能。學習喜歡我們所做的事，因為喜歡、因為願意，許多的困難和疲倦，就不會輕易爬上我們的身體喔！

你喜歡你的工作嗎？

這份工作不是你曾經期待的嗎？

你不喜歡工作的內容，還是和你一起工作的人呢？

工作內容可能不容易改變，但你可以改變你工作的心情。

工作的夥伴也不容易改變，但你可以學習了解和賞識他們。

工作通常和興趣無關，它是一種責任，而我們該學習的是喜歡我們的工作及其中的一切。壓力的來源可能是工作的時間和工作的量，這要改變可能不太容易，但你可以在工作之中找到創新的思考，每天都嘗試不同的工作模式，不斷的嘗試，直到你覺得工作是一種學習和享受。

態度也是很重要的，有人不願付出心力在工作上頭，因為他們認為多做就是多損失；然而事實正好相反，當你對工作付出愈多，或不斷提升工作的品質，你就會發現，享受工作樂趣和工作品質是很容易的事。

創新的過程絕不是壓榨一個人的能力，而是讓他的潛能因喜歡、因樂趣而自然的流露。改變我們的工作態度就是一種創新，不要為薪水而工作，那太辛苦了，為提升生活和生命的品質而學習，工作才會有不同的感受。

業績和薪水是因我們的付出必然得到的報酬，在努力付出和不斷提升服務品質的過程中，你期待的結果自然會到來，如果沒有，我們也沒什麼損失，至少我們已學習到自我提升。我對壓力的解讀，不是像一般專家所講的如何控管，而是如何自我調適，最大的疲累和壓力來自於內心的抗拒和逃避，正向積極的面對壓力，是生命的重要課題喔！

心動力新思維

創新就是挑戰自己，訂一個比自己預期還要高的目標，全力以赴的挑戰它。專注和努力朝目標前進的過程，可是人生最大的享受喔！

未達成目標前的一切努力或不知目標能否達成的不確定性，在在考驗著我們的信心、毅力和勇氣。

夢想要立即行動

任何事都全力以赴的去享有和經歷，唯有逐夢而飛的一生，才會讓我們毫無遺憾的感恩：這真是個豐富和精采的旅程。

二〇〇八年，台灣上演了一部片子，看了發人深省，我在這裡和大家分享。《一路玩到掛》（The Bucket List）由傑克．尼克遜與摩根．費里曼主演，億萬富翁艾德華．柯爾（傑克．尼克遜飾）在住院病房裡遇上了階級懸殊的藍領技工卡特．錢伯斯（摩根．費里曼飾），面對人生交叉點的兩人卻意外發現彼此有共同交集，兩人都希望能夠在有生之年彌補少年時未實現的夢想，並且能夠徹底認清自己，於是兩人作伴展開一趟生涯之旅，在遲暮之年想盡辦法填補生命的空缺。

卡特在剛進大學時，他的哲學老師要求學生列出一份人生清單，寫出他們在過世前想做、想看、想體驗的所有事情。

雖然卡特一直很想依照他的夢想和計畫實現這份人生清單，但是現實還是必須面對。他歷經婚姻、生兒育女、各種責任義務及四十六年的黑手工作生涯，逐漸地，他的人生清單也僅僅成為一個甘苦的回憶，代表他失去的無數契機及他在修車時的白日夢。另一方面，億萬富翁艾德華則完全忽略他的人生清單。他從年輕到老年都忙著賺錢，並建立起自己的企業王國，根本沒有空檔認真考慮自己的人生。

卡特與艾德華住進同一間病房，他們開始有許多時間思考接下來的人生，以及他們到底擁有什麼。雖然兩人的背景截然不同，但是很快就發現彼此具有兩個共通點：第一點，他們都不了解自己，也不確定自己的人生抉擇是否正確；第二點，他們都希望好好利用人生的最後時光，完成一直想做卻沒做的事。他們的人生清單不再只是空想，而是等待他們實現的計畫。於是，這兩個原本互不相識的陌生人不管醫師的指示便擅自出院，一起踏上他們可能即將開始的人生歷程，從印度泰姬瑪哈陵到東非坦尚尼亞塞倫蓋提大草原，從最高級的餐廳到最流行的刺青店，從超炫的古董跑車到刺激的螺旋槳飛機，他們帶著自己的人生清單及滿腔熱情，追尋著各自的夢想。

「別把自己最愛的巧克力留到臨終時才想嘗它一口，有夢想的人生最重要的是開始行動。」創意潛能就是在行動過程中激發出來的，你想到什麼就用力去試試看，許多意外的靈感和發現，就是這樣一瞬間創造出來的喔！別到了年老力衰時，才在安養院的病房上對著同房的病友滔滔不絕的述說自己年輕時的夢想。現在就列出你的夢想清單，然後再依自己的熱愛程度依序排列，從最簡單和容易的逐項完成，你會像《一路玩到掛》的卡特與艾德華，在逐夢的過程中「發掘生命」。創新可以是生活的一部分，在反覆追求的過程中發現我們真正的目的。一切都在行動，永遠沒有人是完全準備好才出發的。

先出發吧！路上有我們需要的一切！

心動力新思維

年紀愈大，夢想愈小，最後我們只會生活在一個沒有夢想的病榻上等待死亡的到來；我所期待的人生是一個既豐富又精采的旅程，不給自己任何的限制，任何事都全力以赴的去享有和經歷，希望你也能夠讓所有的夢想起飛。不管你擁有多少財富，臨終之後都將一無所有，唯有逐夢而飛的一生，才會讓我們毫無遺憾的感恩：這真是個豐富和精采的旅程。

國家圖書館預行編目資料

只要你想你要，你就得到 / 盧蘇偉著. --
初版. -- 臺北市 : 寶瓶文化, 2008.09
面 ; 公分. -- (Vision ; 74)

ISBN 978-986-6745-41-6(平裝)

1. 職場成功法 2. 態度

494.35 97015247

Vision074

只要你想你要，你就得到

作者／盧蘇偉

發行人／張寶琴
社長兼總編輯／朱亞君
主編／張純玲・簡伊玲
編輯／羅時清
美術主編／林慧雯
校對／羅時清・陳佩伶・余素維
企劃副理／蘇靜玲
業務經理／盧金城
財務主任／歐素琪 業務助理／林裕翔
出版者／寶瓶文化事業有限公司
地址／台北市110信義區基隆路一段180號8樓
電話／(02)27494988 傳真／(02)27495072
郵政劃撥／19446403 寶瓶文化事業有限公司
印刷廠／世和印製企業有限公司
總經銷／大和書報圖書股份有限公司 電話／(02)89902588
地址／新北市五股工業區五工五路2號 傳真／(02)22997900
E-mail／aquarius@udngroup.com

著作完成日期／二〇〇八年四月
初版一刷日期／二〇〇八年九月五日
初版五刷一次日期／二〇一三年一月二十四日
ISBN／978-986-6745-41-6
定價／二五〇元

AQUARIUS 寶瓶文化事業

愛書人卡

感謝您熱心的為我們填寫，
對您的意見，我們會認真的加以參考，
希望寶瓶文化推出的每一本書，都能得到您的肯定與永遠的支持。

系列：Vision074　**書名：只要你想你要，你就得到**

1. 姓名：＿＿＿＿＿＿＿＿　性別：□男　□女
2. 生日：＿＿＿年＿＿＿月＿＿＿日
3. 教育程度：□大學以上　□大學　□專科　□高中、高職　□高中職以下
4. 職業：＿＿＿＿＿＿＿＿
5. 聯絡地址：＿＿＿＿＿＿＿＿＿＿＿＿＿＿＿＿＿＿＿＿
   聯絡電話：＿＿＿＿＿＿＿＿　手機：＿＿＿＿＿＿＿＿
6. E-mail信箱：＿＿＿＿＿＿＿＿＿＿＿＿＿＿＿＿
   □同意　□不同意　免費獲得寶瓶文化叢書訊息
7. 購買日期：＿＿＿年＿＿＿月＿＿＿日
8. 您得知本書的管道：□報紙／雜誌　□電視／電台　□親友介紹　□逛書店　□網路　□傳單／海報　□廣告　□其他
9. 您在哪裡買到本書：□書店，店名＿＿＿＿＿　□劃撥　□現場活動　□贈書　□網路購書，網站名稱：＿＿＿＿＿＿　□其他＿＿＿＿＿
10. 對本書的建議：(請填代號　1. 滿意　2. 尚可　3. 再改進，請提供意見)
    內容：＿＿＿＿＿＿＿＿＿＿＿＿
    封面：＿＿＿＿＿＿＿＿＿＿＿＿
    編排：＿＿＿＿＿＿＿＿＿＿＿＿
    其他：＿＿＿＿＿＿＿＿＿＿＿＿
    綜合意見：＿＿＿＿＿＿＿＿＿＿＿＿＿＿＿＿＿＿＿＿
11. 希望我們未來出版哪一類的書籍：＿＿＿＿＿＿＿＿＿＿＿＿

讓文字與書寫的聲音大鳴大放

寶瓶文化事業有限公司

(請沿此虛線剪下)

廣　告　回　函
北區郵政管理局登記
證北台字 15345 號
免貼郵票

寶瓶文化事業有限公司　收

110 台北市信義區基隆路一段 180 號 8 樓

8F,180 KEELUNG RD.,SEC.1,

TAIPEI.(110)TAIWAN R.O.C.

（請沿虛線對折後寄回，謝謝）

分，你就會滿足於你的九十九分！
大的敵人，那誰是自己最大的朋友？
己、信任自己，那誰還能肯定、信任我們？
自己內在世界的門，學會賞識自己，你才能夠——諒解父母的不夠完
預期、了解另一半的付出和努力！

室——沒有孩子「該」聽話

室裡23個真實案例，告訴你——要孩子聽話才是最大的錯誤！「第十一
師在觀護所的談話室。盧老師最想傳達：沒有一個孩子「應該」是聽話
也沒有一對父母「理所當然」的必須永遠扮演付出的角色。只要充分了
就不會有過多的期待，自然就能夠互相擁有彼此的愛。

——教養與愛的27堂課

不難！但要教出充滿笑臉的孩子，卻不容易！
臉上沒有喜悅；考第二名的孩子，選擇從樓上墜落；我們的孩子，怎麼
陪伴，是尊重，是傾聽，是體諒，是寬容。愛是讓對方成為他自己，做
27則盧老師輔導的真實故事，讓父母親們重新檢視愛的真諦。

叛逆

你讀懂孩子的行為：看見隱藏在叛逆背後，那顆渴望被理解的心！
他摔東西！他偷竊！他奪門而出！
什麼樣的吶喊？！
都是不斷學習的過程，只要能將每段經歷都當成反省與觀察的機會；就
看見叛逆背後的真心話！

看見男人——搞定你的老公與兒子

親子專家盧蘇偉最誠實的男人剖析；幫助你讀懂複雜而孤寂的男性內心！

戀母情結？性幻想？電車痴漢？外遇？偷窺？為愛傷人？
我的寶貝兒子、乖乖老公，他們到底是怎麼回事？！
盧老師最開誠布公的男性全方位剖析！幫助女人瞭解男人的傷；也幫助男人看見自我的內在苦悶！放下對抗與論辯的心，以愛的角度理解與接納，陪著家中的大小男人一起成長！

知名暢銷激勵作家

盧蘇偉

傾聽、陪伴、幫助現代人
找回自己的心靈大作！

盧蘇偉回歸內心純粹本質之動人力作

讓天賦飛翔

你是否一生都在向外界證明自己，
卻無法看清「自己」的本質？
你即將把唯一的人生，拿來實現別人的夢想……

十五篇深入核心的生命故事，搭配十五幅親筆畫作，讓你在源源不絕的心靈力量中，重新肯定自我的價值。無論幾歲，只要你勇於追尋，都能成為心中那個閃閃發光的自己。放下別人定義的成功，就會找到人生真正的成就！

盧蘇偉老師的部落格
http://blog.udn.com/lusuwei

總是拿到缺一角的奶油蛋糕

影響50萬人的人生重建課！
不可思議，當你藉由「人生的重建課」改變你自己後，你會發現，生命中讓你失望、傷心、憤怒的人竟然也開始轉變。

這一生，你為何而活？

會不會其實有個更好的人生，正在某處等著我們？
人生的減法，其實是加法！不斷地卸下，是為了重新得力！

這是我要的人生嗎？——其實，你可以活得更篤定

你對未來為什麼迷惘、焦慮？知名暢銷激勵作家盧蘇偉，第一本點破現代人迷途心靈的思考之作！

你是光芒——盧蘇偉的15堂愛自己

一本困頓的現代人最需要的心靈加油站！這世界上，有沒有一個人會這樣對你說？「即使你什麼都不是，我依然愛你！」脫下領帶、西裝、高跟鞋與公事包，即使你沒有這些外在的成就，你依然值得被愛。

看見自己的天才 ★年度暢銷好書

從啟智班學生到發現自己的天才！
他的智商只有七十，小學五年級才學會認字，他是數字、圖形記憶的白癡，卻是邏輯分析及創造思考的天才！這是一個台灣「雨人」的成長故事！**也是盧蘇偉老師的成長故事。**

關鍵一秒——改變人生，只要1秒！

找出你的人生價值，活出你的幸福與美好！人生，是一張單程車票，無法重來。盧老師教我們重新了解自己並愛自己，活出生命的熱力與光芒！

相信自己，你最棒！

「你要相信自己是最棒的！」因為信心就是力量！我們要改變自己，就必須回頭省視原生家庭。這需要體諒、需要包容，更需要和解，找回更具信心的自己、更願意挑戰自我的自己。

只要你想你要

你絕對有能力改變自己
有的美好都來自於你現

正向思考，就

為孩子設想周到的你，，就可以將不可能變成願意！」父母能給孩子種思考力！擁有這5種

教養危機

長不大的爸媽，是教養
在卻仍渴求關愛。他們業壓力，父母的關愛若放手，陪孩子一起長大

關鍵教養〇至六

知名親職專家是怎麼帶
成趣味的親子相處之道裡面分享的可愛故事與的父母來說，是一本可以

預約孩子的未來

青春狂飆期孩子的關鍵
他成為貝多芬？孩子的習慣！為家有7至15歲孩，來降低父母與孩子間的

預約孩子的未來定一切！

父母對孩子有信心，孩子
蘇偉為家有青春期孩子的書中引用許多實際的個案肯正向積極的面對自己的方向，沒有任何事情是無

復原力——激發的潛能

孩子的力量遠超乎我們想如何面對人生挫折，只要上的能力！
這是一個徹底改變生命的運用「復原力」，幫助歡

賞識自己

如果你不要事事滿
如果自己是自己最
如果連自己都不肯
「賞識自己」是進入美、接受孩子的不

十一號談話

發生在十一號談話
號談話室」是盧老、乖巧、孝順的；解自己扮演的角色

不只要優秀

教出優秀的孩子，
考第一名的孩子，了？愛是放手，是他自己。本書收錄

看見孩子的

親子專家盧蘇偉教
他頂嘴！他咆哮！孩子的叛逆隱藏著「愛」與「被愛」能讀懂彼此的心，